U0256739

宝宝断乳营养食谱

刘慧兰　陈　勇 / 编著

青岛出版社
QINGDAO PUBLISHING HOUSE

图书在版编目（CIP）数据

宝宝离乳营养食谱 / 刘慧兰，陈勇编著 .-- 青岛 ：青岛出版社，2018.9
ISBN 978-7-5552-7285-4

Ⅰ . ①宝… Ⅱ . ①刘… ②陈… Ⅲ . ①婴幼儿—食谱 Ⅳ . ① TS972.162

中国版本图书馆 CIP 数据核字（2018）第 150529 号

书　　名　宝宝离乳营养食谱
编　　著　刘慧兰　陈　勇
出版发行　青岛出版社
社　　址　青岛市海尔路 182 号（266061）
本社网址　http://www.qdpub.com
邮购电话　13335059110　0532-85814750（传真）　0532-68068026
策划组稿　周鸿媛
图文统筹　张海媛
责任编辑　杨子涵
特约编辑　马晓莲　李春艳　宋总业
设计制作　丁文娟　张晓伟　刘兰梅
菜品制作　陈　勇
摄　　影　刘　计
制　　版　上品励合（北京）文化传播有限公司
印　　刷　青岛海蓝印刷有限责任公司
出版日期　2018 年 10 月第 1 版　2018 年 10 月第 1 次印刷
字　　数　180 千
图　　数　665 幅
印　　数　1-6000
开　　本　16 开（720 毫米 ×1020 毫米）
印　　张　16
书　　号　ISBN 978-7-5552-7285-4
定　　价　49.80 元

编校印装质量、盗版监督服务电话　4006532017　0532-68068638
建议陈列类别：育儿类　孕产类

写在前面

宝宝巧厨寄语：

小鸟长大了就要自己飞翔，

宝宝长大了也要离开妈妈的乳房。

离乳，对小宝宝来讲，是快乐成长的第一步。

宝妈爱心离乳餐，让小宝宝在温柔的自然离乳过程中，

仍然感受到妈妈满满的爱。

儿科专家寄语：

比起国内简单粗暴的“断奶”一说，

国际上其实有个温柔的名词叫作“离乳”。

从宝宝添加第一口辅食起，

离乳就悄无声息地开始了，

这个过程速度很慢，时长以年为单位。

巧用离乳餐，离乳会变得温柔、自然，

让宝宝欣然接受之余，还有助于宝妈火辣身材重现……

目录

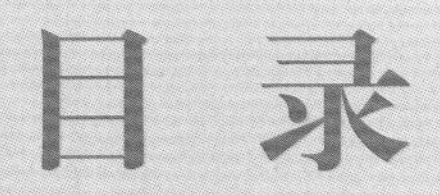

CONTENTS

第一章

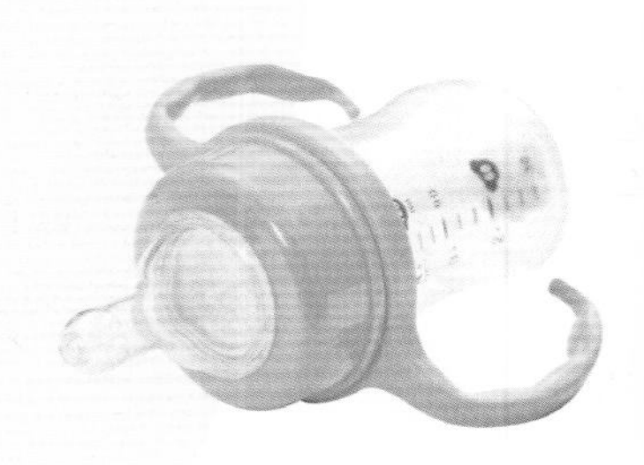

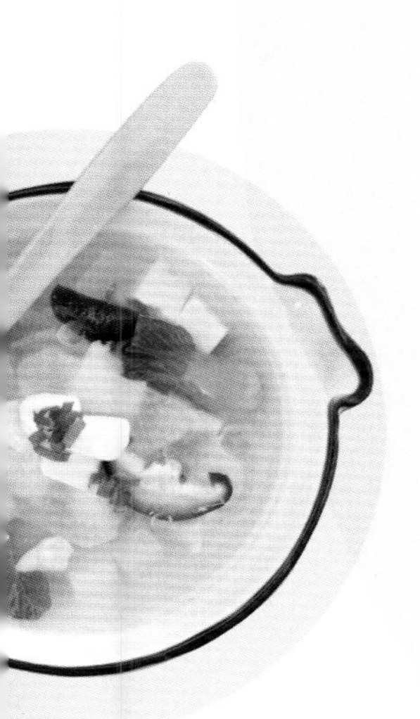

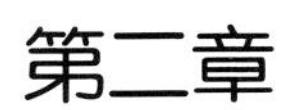

第二章

第三章

第四章

第五章

第六章

第八章

跟着儿科医生学育儿　四季离乳巧应对　217

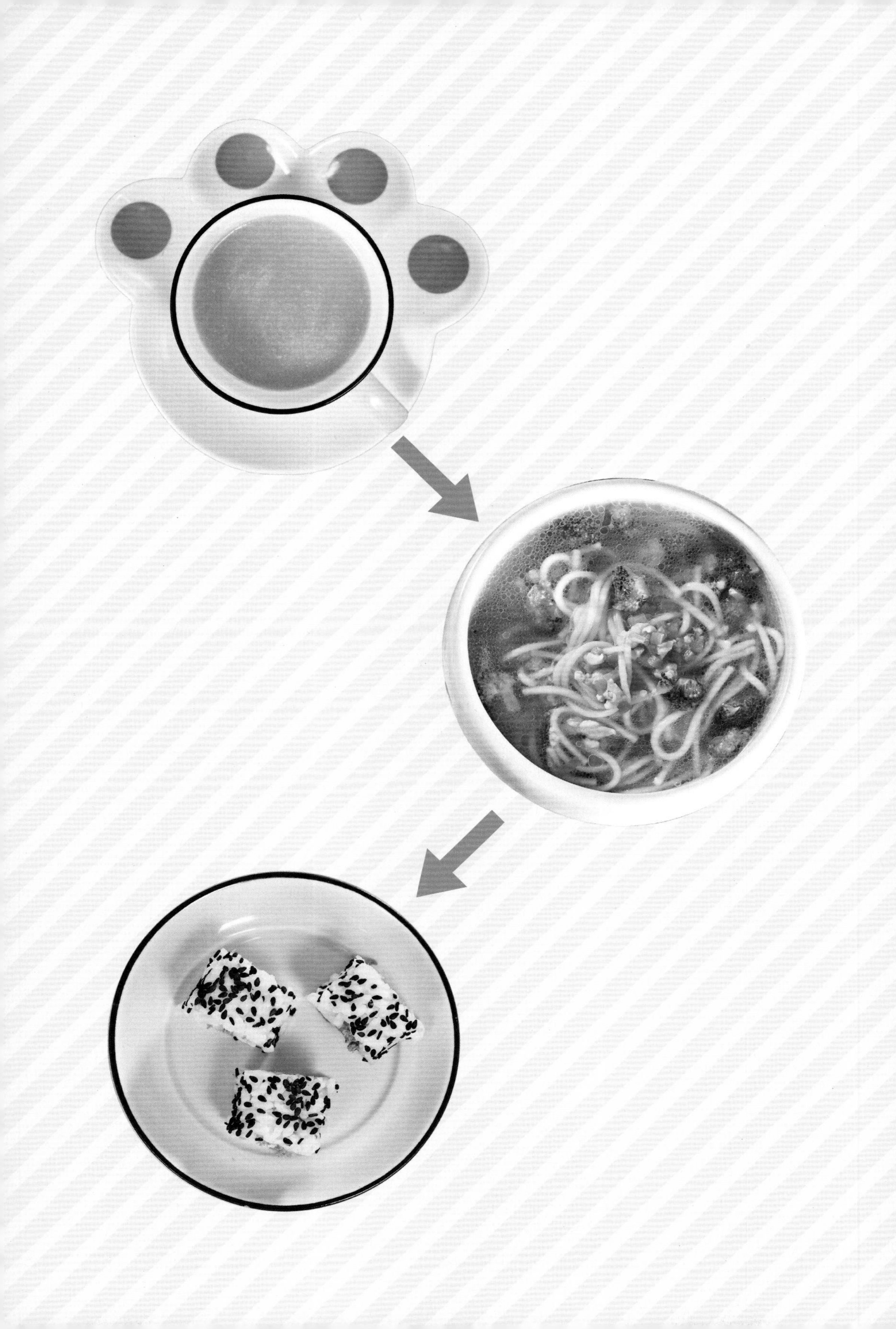

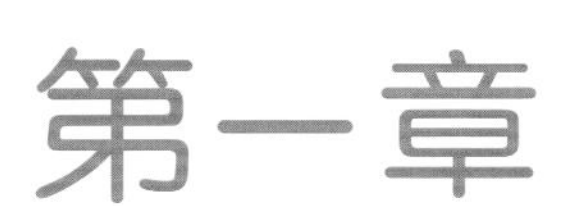

离乳≠断奶
让小宝宝自己做主快乐离乳

不少妈妈会认为，离乳就是停止哺乳，即俗称的断奶。然而事实并非如此，儿科专家告诉我们：离乳，是逐渐给宝宝添加母乳以外食物的过程。随着辅食的逐步添加，让小宝宝爱上食物，自然、快乐地离乳。要避免粗暴的断奶方式，如数天不让宝宝看见妈妈，又或者在妈妈乳头上抹牙膏甚至辣椒等，这些方法会让宝宝出现焦虑、恐惧的情绪。

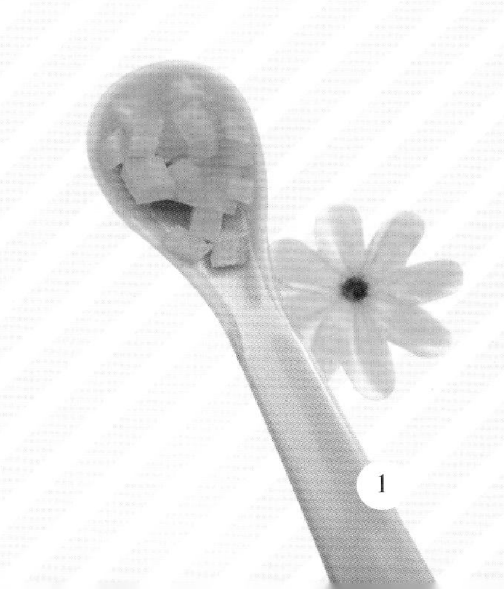

儿科专家辟谣

——这些坑人的关于断奶的谣言，你中招了吗？

母乳喂养本来是母子很幸福、亲密的过程，但总有一些不和谐的声音冲击妈妈的耳膜，诸如“孩子 6 月龄以后母乳就没营养了”“奶水已经不够了吧”“怎么还没断奶”……令妈妈陷入焦虑的情绪之中。

让我们来听听儿科专家如何辟谣。

谣言 1：孩子 6 月龄后母乳就没营养了，你该断奶了。

辟谣：母乳无论何时都是有营养的，但 6 月龄后，宝宝开始对母乳以外的食物感兴趣，可以在以母乳为主的前提下添加辅食了，并不意味着要断奶。

谣言 2：发烧了不能喂奶，趁机把奶断了吧！

辟谣：感冒或乳腺炎导致的发烧并不会影响母乳，恰恰相反，因为妈妈的发烧，乳汁中还会产生对宝宝有保护作用的抗体。此时如果必须服用抗生素类药物，医生都会开具 L1 和 L2 级的，这些药物不会改变母乳的成分，不会影响到宝宝。用手机下载“用药助手”等程序，可以很方便地知道药物的具体分级。

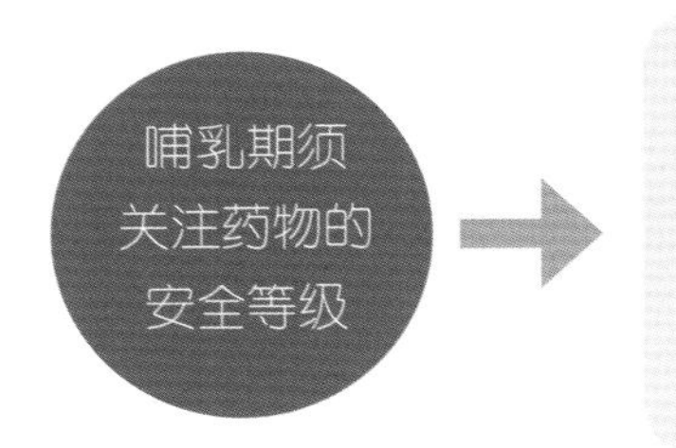

L1：哺乳期间服用该药物对小宝宝非常安全

L2：哺乳期间服用该药物对小宝宝比较安全

L3：哺乳期间服用该药物对小宝宝基本安全

L4：哺乳期间服用该药物对小宝宝可能存在风险

L5：服用该药物期间应停止母乳喂养

谣言 3：每次喂奶都要喂很久，说明奶水不够。

辟谣：有些小月龄的宝宝吃奶时间可以长达 1 小时，这更多是因为婴儿天生的吸吮需求，并非未吃饱。如果宝宝很烦躁，一直想吃奶，吃了几口却开始哭闹，哭闹完了又想吃，这通常是肠胀气的表现，家长们可以尝试飞机抱、顺时针揉肚子等，缓解宝宝肚子的不舒服症状。

谣言 4：来月经之后奶水会有毒，不能喂奶了。

辟谣：国际公认的建议是母乳喂养到 1.5 岁～ 2 岁甚至更晚，来不来月经无关紧要。有些妈妈在经期乳汁分泌会减少，这是因为激素水平发生了变化，是暂时性的，到经期结束后就会恢复正常，妈妈们不要轻易放弃母乳。

谣言 5：不涨奶，说明你快没奶了。

辟谣：这是供需平衡的表现，恭喜你终于不用被涨奶继续折磨了。妈妈乳汁的分泌会跟着宝宝的需求而调整变化，在宝宝生长发育一切正常的前提下，即便妈妈的乳房不再充盈，乳汁量也足够满足宝宝所需。

【宝妈看过来】

总之一句话：只要你还有奶水，就可以放心喂母乳，等待自然离乳。

宝宝巧厨重申

——自然离乳≠让宝宝忽略辅食、贪恋母乳

从没有牙齿到小牙齿一颗颗长出来；从小宝宝上下颌开始进行不断的咀嚼活动，到小宝宝面对大人吃饭时好奇地“吧唧”小嘴或试图抓碗……这些都表示小家伙开始对母乳以外的食物感兴趣了。我们提倡自然离乳，但并不是让宝宝忽略辅食，任其贪恋母乳。

离乳餐，自然离乳很简单

离乳并非立刻断奶，而是宝宝逐渐添加离乳餐的过程，是让宝宝练习吃饭和熟悉食物的过程。科学添加离乳餐是自然离乳的重要手段。

离乳餐让小宝宝的营养更加全面

母乳是一种液体食物，是婴儿最理想、最健康、最安全的营养来源。对于大多数婴儿来讲，母乳可以满足他们在 6 月龄前的全部营养需求（包括水），配方奶粉也有相同的效果。6 月龄之后，靠完全的母乳喂养已经无法跟上宝宝快速生长发育的脚步了，此时是大多数婴儿开始适应不同的食物种类、食物结构和喂养方法的最佳时间。

请看右图人类各系统的生长曲线，除生殖系统以外，神经系统、免疫系统和其他系统在婴儿期的生长几乎呈直线上升趋势，可见婴儿期的营养保障多么重要。添加离乳餐，就是要让小宝宝的营养更加全面、均衡。

人类各系统的生长曲线

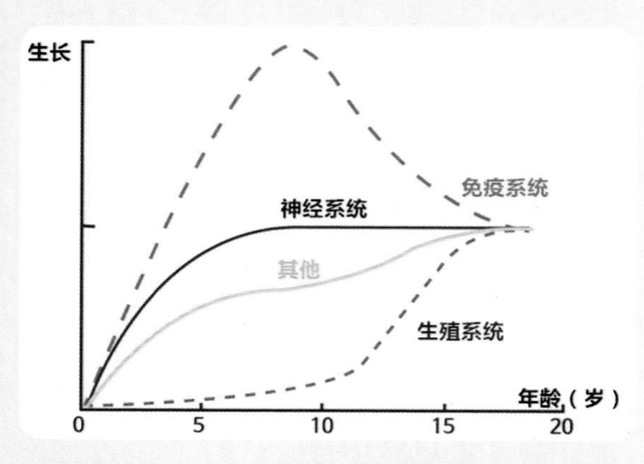

资料来源：《儿童少年卫生学》，2009 年，科学出版社，张欣著。

国内绝大多数医生或营养师建议足月婴儿添加辅食的时间是 4 ～ 6 月龄，大多数婴儿在 6 月龄左右开始长牙，因此，世界卫生组织和中国卫生健康委员会等权威机构认为，足月婴儿满 6 月龄添加辅食更合适。具体分析，主要有以下原因：

- **需待婴儿的消化系统更成熟**

在出生后头几个月里，婴儿的消化系统尚不能处理除奶与水以外的食物。虽然唾液淀粉酶在人类出生时就能分泌，但主要负责消化淀粉类食物的胰腺淀粉酶大约到 6 月龄时才有少量分泌。

- **避免干扰母乳喂养**

妈妈乳汁的分泌量是根据宝宝的实际需求不断调整的。如果添加辅食过早，意味着喂母乳的时长、次数减少，乳汁会因为缺乏吮吸的刺激而减少。另外，婴儿的胃容量也比成人小太多，辅食会占用本就不大的胃容量。这就意味着在 6 月龄以内减少母乳或用配方奶喂养，在一些极端的情况下会造成宝宝营养不良。

- **需要待挺舌反射消失**

在给宝宝添加第一口辅食时，大多数婴儿会有一种先天性的非条件反射——挺舌反射，即小舌头会把进入嘴里的固体食物或小软勺推出嘴巴外边，以防止外来异物进入喉部导致窒息。这个反射一般会在出生后 6 个月时消失。

挺舌反射从本质上讲，是宝宝在抗拒进入他嘴里的硬物，而不是宝宝拒绝吃东西。过早地添加辅食并不会消除宝宝的挺舌反射，反而会推迟宝宝接受固体食物的时间。通常在 6 月龄时，宝宝进食的行为开始由吸发展成咬，到了 7 ～ 9 月龄，逐渐变成咀嚼，这个时候会更容易接受辅食。

过早添加辅食的危害：a. 减少母乳分泌，影响母乳喂养　b. 导致小宝宝营养过剩、肥胖或器官负担过重　c. 可能造成小宝宝食物过敏，增加患腹泻等疾病的概率

过晚添加辅食的危害：a. 引起小宝宝生长迟缓、营养缺乏、贫血　b. 引起小宝宝抵抗力下降　c. 引起小宝宝过分依赖母乳，接受食物的能力下降

一般来讲，辅食添加最早不能早于 4 月龄，最晚不要晚于 8 月龄。当然，究竟何时才是添加辅食的最佳时机，不能单看月龄，还要根据宝宝的个体实际情况而定。

不看月龄看表现，小宝宝可以添加辅食的3个信号

到底是4月龄还是6月龄开始添加辅食呢？其实宝宝的发育并不完全同步，请注意小宝宝是否出现以下准备尝试母乳以外食物的信号。

信号1：眼睛盯着食物看，想吃。例如大人拿着水果、饼干等食物在宝宝眼前晃，宝宝的眼睛一直盯着食物看；大人围在餐桌旁吃饭，坐在一旁的宝宝小嘴巴发出嗯嗯呀呀的声音，或者吐泡泡，或者意图站起来去够大人的碗等。这些都是宝宝在发出想尝尝母乳以外食物的信号。

信号2：小嘴巴可以吞咽。当妈妈拿着小软勺盛一点点鲜果汁或米油，放入宝宝嘴里时，宝宝可以吞咽，不再用舌头顶出食物，即不再有挺舌反射，就到了添加辅食的时候。

信号3：霸住小碗不放手。妈妈用小碗给宝宝喂饭完毕后，小宝宝的双手继续抓着小碗不松手，小脑袋恨不得一头扎进碗里去。

只要小宝宝有以上反应，就可以给宝宝添加辅食了。反之，即便宝宝满6月龄了，添加辅食的时间也需延后。

给宝宝添加辅食的黄金法则

刚开始给宝宝添加辅食时如果操作不当，容易引起宝宝腹泻、上火、过敏等一系列症状，其原因是没有掌握好辅食添加的黄金法则。

黄金法则一 由稀到稠，如：清米汤（不含米粒）→米粉→稀粥→稠粥→软饭。

黄金法则二 由少量到多量，如：蛋黄添加先从蛋黄的1/8个开始，再到1/4个，最后1/2个，逐渐增加量。食量也是从每日1次，再到每日2次，逐渐增加吃的次数。

黄金法则三 从细粮到粗粮，如：菜汁→菜泥→碎菜→菜叶片→菜茎。

黄金法则四 从植物性食物到动物性食物，如：谷类→蔬菜水果→蛋、鱼、肉类。

妈妈的工作是这个世界上最精细的工作，除了掌握放之四海而皆准的黄金法则之外，还要注意很多小细节呢！

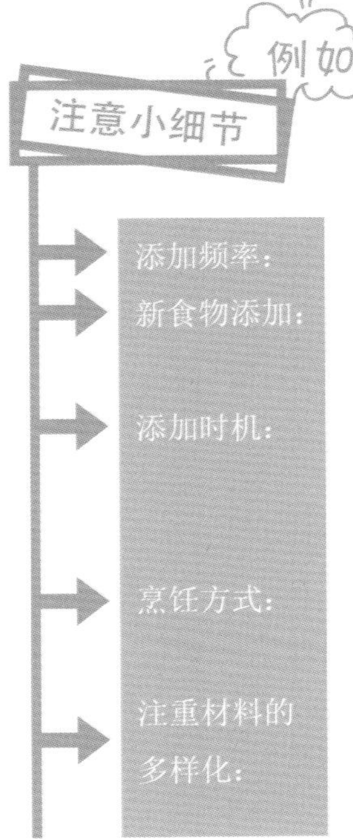

每4小时间隔喂辅食一次，不得添加过勤。

遵守每天最多添加一种新食物的原则。添加新食物时，一定要观察宝宝是否有过敏反应。

最好趁宝宝空腹、心情愉悦时添加。可以先添加离乳餐，然后立即喂母乳或配方奶，让宝宝每次吃完离乳餐后都有肚子饱饱的满足感。

大道至简，小宝宝的离乳餐只要简单蒸、煮、榨汁即可，以安全卫生为重，避免使用复杂的料理方法，避免使用调料。

大多数母乳宝宝到了离乳期仍然贪恋母乳，拒绝吃辅食。此时可以在离乳餐上“动手脚”，设计精巧可爱的食物，引起宝宝的兴趣。具体做法和设计，下面章节会详细介绍。

养娃新概念

——自然离乳对比强制断奶

对于妈妈来讲，断奶是一件令人无比揪心的事情。看着宝宝委屈的小表情，真的不忍心。然而晚痛不如早痛，很多妈妈会趁上班、出差、生病的机会强制断奶。有些妈妈却提倡自然离乳，让宝宝喝到不想喝奶为止。那么，到底哪种方式更好呢？我们来和宝妈阵营的过来人讨教讨教经验。

强制断奶：宝宝容易产生第一次分离焦虑症

妈妈的球球是胆小鬼

宝宝 1 岁 3 个月了。因为我要去外地开会三天，就提前贴了创可贴，告诉宝宝“咪咪”疼，不能吃了。宝宝每次想吃奶时看到创可贴，就喃喃自语“咪咪”疼。好心疼！我出差回来后宝宝又吵着要吃奶，可是看到创可贴，就抽泣着去喝奶瓶了。虽然大家心里都不好受，但总算断奶了，胜利！

庞维

宝宝 9 个月大。我是因为得了乳腺炎，再加上工作太忙，被迫断的母乳。一开始心里挺难受的，孩子也痛苦，但是我妈帮我带了几个晚上就给断了。现在我每晚喂完奶粉，给宝宝唱唱催眠曲，宝宝自己就睡着了。

英伦枫飘飘

我因为工作不得不在孩子 7 个月大就强行断奶，当时奶还特别好，断奶时比生孩子都疼。我想对身边每一个姐妹说：只要你还有奶，就继续喂宝宝，等待自然离乳吧！

Kitty_ 荀宝儿

宝宝 1 岁 3 个月。刚断奶，历时 1 个月。我的奶水越来越少了，但因为荀宝儿不爱喝奶粉，我也不强迫她，愿意喝就喝点，不愿意喝就不喝，让她慢慢接受。一顿顿慢慢断，最后是戒掉睡前奶，用抱着轻哄的方式入睡。荀宝儿全程没有哭闹，我几乎没涨过奶。妈妈和宝宝都顺利过渡。

澳大利亚的 Charlotte

Charlotte 马上 4 岁了，还在吃奶，我从没想过要断奶。澳大利亚人提倡自然离乳，只要孩子愿意喝，就一直喝，喝到她不想喝为止。澳大利亚的小朋友大多是在 2 ～ 3 岁自然离乳的，也有 5 岁才离乳的。我觉得顺其自然就好，对妈妈和宝宝都好。

薇薇安的六月

宝宝 2 岁 8 个月多一点。上小托班的第二个月，有一天晚上她忽然说：“妈妈，薇薇安是大宝宝了，不用喝奶奶了。”然后就真的不喝了。有几次我逗她，她笑着摸几下，就走开了。就这么简单，我都有点不适应。

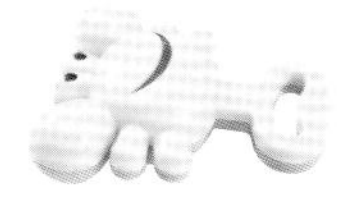

【宝妈看过来】

不要轻易尝试撕心裂肺的母子分离之痛，按需断奶，自然快乐离乳最佳。

工欲善其事，必先利其器

——爱心离乳餐的“豪华装备”

料理机（榨汁机）

江湖盛传的小 V（Vitamix）料理机，是一款厨房发烧友级别的主妇们非常推崇的厨房料理机。功率大，功能全，关键是可以把蒸煮后的蔬菜和肉打得非常细腻，连冰都可以打得非常碎！宝宝不吃辅食后，还可以打沙冰、鸡尾酒、甜品等。当然了，这款料理机价格不菲。你也可以选择其他品牌的料理机，市场上有很多性价比不错的供选。

蒸锅

电蒸锅和普通蒸锅均可。给宝宝做辅食时蒸蔬菜、蒸水果等需要用它，还可以用来给奶瓶、水杯、小玩具之类物品消毒。

豆浆机

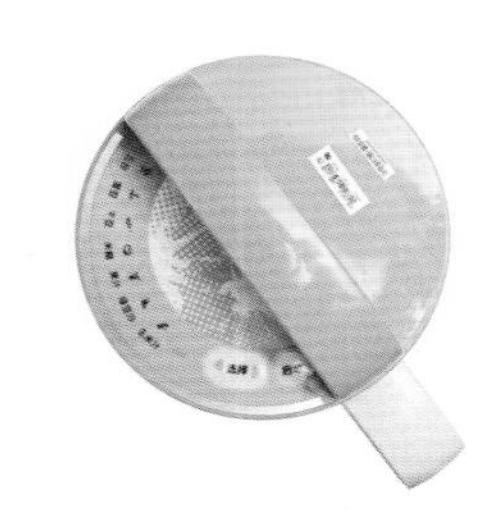

如果觉得料理机太贵，几乎家家都有的豆浆机也可以做出美味的辅食。利用豆浆机的米糊功能，可以做出双米糊、山药米糊、南瓜米糊等。米糊细腻香浓，比米粥更容易被宝宝消化吸收。

料理棒

如果你家里已经有了蒸锅、豆浆机，不想再买料理机，但却需要打泥，那么料理棒是个很好的选择。料理棒和榨汁机有相似的功能，在制作少量食物或在小容器里做料理时非常方便。宝宝不吃辅食后，料理棒还可以继续在厨房效力。

辅食研磨器

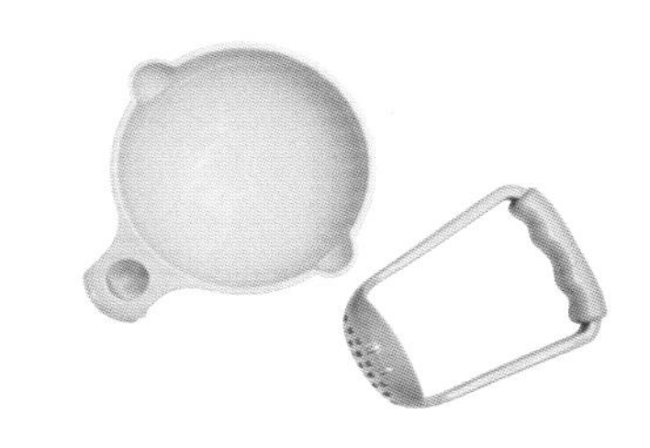

集碾压、研磨、过筛、榨汁为一体的手工工具，是近年来宝妈们几乎人手一套的辅食工具套装。对于对辅食要求不是很精细的宝妈们来讲，这个套装基本可以搞定所有辅食。价格是一百多元，精致易收藏。只不过制作需要纯手工加工的食物时，会相对辛苦一点儿。

研磨碗

强烈推荐这款集碾压、研磨、榨汁为一体的手工辅食工具。即便只放入很少的食物也能碾压或榨汁、磨泥，而且价格非常亲民（仅需几十元人民币）。其缺点是研磨得不太细腻，比较适合给大月龄的宝宝制作辅食。稍大一些的宝宝还可以自己动手研磨。

炒锅、煎锅

宝宝稍大一些，可以吃煎饼、饼干等比较干的食物和零食时，就要用到煎锅和炒锅了。

宝宝专用餐具

给宝宝准备一套专用的、可爱的吃饭小装备吧。简单的一个小碗加一把软勺即可，复杂点的可以是分格餐盘、碗、叉、勺子的套装，材质以健康卫生、防摔、防烫材料为主。

婴儿水杯

好多宝妈反映宝宝不爱用奶瓶，那么这款澳大利亚品牌 b. box 重力球吸管杯，你绝对值得拥有。很多不爱喝水的宝宝用了这款吸管杯后都爱上了喝水。它的硅胶吸管是一体式的，清洗更简单。

宝妈最关心

——你的宝宝需要补充钙、维生素 A 和维生素 D 吗？

你的宝宝需要补钙吗？

中国式全民补钙曾经在国际上引起一片哗然，褒贬不一。那么，我们的宝宝用不用补钙？听听儿科专家的专业解答。

- **6 月龄的宝宝无须补钙**

母乳是小宝宝最好的营养来源，也是钙质的良好来源。无论是贫困还是发达地区，无论妈妈是健康还是营养不良，母乳中的钙含量都完全可以满足宝宝的实际需求，配方奶粉的钙含量则更高。故无论是母乳喂养，还是混合喂养，抑或配方奶粉喂养，宝宝在 6 月龄内都无须额外补钙。当然，纯母乳喂养的宝宝，建议出生 15 天后，每天晒半个小时太阳，或者每天补充 400IU（国际单位）的维生素 D，以促进钙的吸收。

- **6 ～ 12 月龄的宝宝，仍以喝奶为主，无须额外补钙**

未满 1 周岁的宝宝，即便添加了辅食，还是需要保证每天 600 ～ 800 毫升母乳或配方奶粉的摄入量，这些奶量也足够满足此阶段宝宝对钙质的需求了，无须再额外补钙。

维生素 D 要补多久？

维生素 D 的作用是促进钙的吸收。大部分医院的儿科医生都会叮嘱产妇，新生儿要注意补充维生素 D，尤其是母乳喂养的宝宝更是如此。这是因为母乳中的维生素 D 含量很低，小月龄的宝宝又无法通过辅食、户外阳光等来补充。那么，宝宝应该从何时开始补充维生素 D，又要补多久呢？

美国儿科协会的建议是，所有母乳喂养的宝宝，从出生后 1 周左右开始，每天需要补充 400IU 的维生素 D，建议一直补到宝宝可以喝其他强化了维生素 D 的液体奶或饮品为止。要多带宝宝参加户外活动，晒晒太阳。如果可以添加辅食了，要多给宝宝吃富含维生素D的食材。

宝宝获取维生素D的途径有哪些呢？

◎鱼肝油和深海鱼：比如鳕鱼、三文鱼、金枪鱼等，故在离乳餐中最常用的就是这三种鱼。

◎奶类和蛋类：也含有比较多的维生素D。

◎皮肤合成：多带宝宝外出晒晒太阳，注意是外出而不是隔着玻璃晒太阳！如果怕晒伤，可以选择在太阳光不太强烈的时间段外出。

宝宝需要补充维生素A吗？

在补充维生素D方面，不同地区的医生，或者同一地区不同的医生，给的建议都不尽相同。比如有的医生建议只补充维生素D，有的医生则建议需要同时补充维生素A和维生素D。那么，我们的宝宝到底用不用补充维生素A呢？

维生素A是维持视觉、基因表达、免疫功能和皮肤等正常的必需维生素，缺乏维生素A可能会造成夜盲症并且更容易感染病毒，但过量服用维生素A可能会出现黄疸、恶心、呕吐等类似中毒的现象。

对于6月龄前的宝宝，如同无须补钙一样，无须补充任何维生素。当然，如果是早产儿或者母乳严重缺乏维生素A的，还是要听专业医生的建议。

6月龄之后，宝宝对营养素的需求越来越高，不单单是维生素A，其他维生素也需要补充。故建议去给宝宝做个微量元素测试，缺什么补什么。就维生素A来说，世界卫生组织认定，如果血清视黄醇低于0.70pmol/L，就属于维生素A缺乏了。

药补不如食补，通过食物来补充维生素A对宝宝是最安全的。动物肝脏、奶制品、鱼肝油、甜椒、胡萝卜、深绿色蔬菜等都富含维生素A。

宝妈看过来

——0～12月龄婴儿辅食添加顺序表

7天～2月龄

鱼肝油，每日1次，每次2～4滴

2～3月龄

鲜果汁（对温水），每日1～2次，每次1～5小勺递增

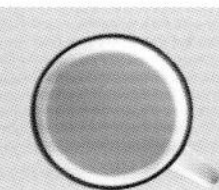
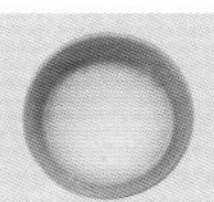

4～5月龄

菜水、果汁、米油，每日1～2次，每次30毫升左右

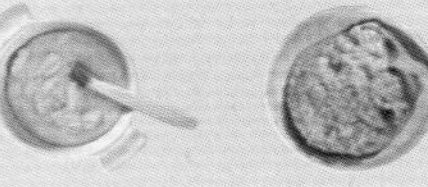
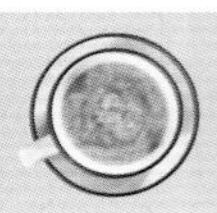

6～7月龄

米粉、果泥，每日1～2次，每次适量；蛋黄每日1次，1/4个～1/2个递增

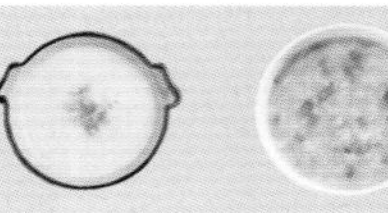

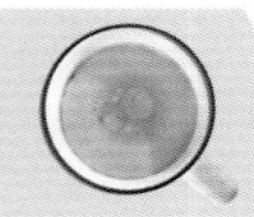

8～9月龄

蛋羹、肉松、肉末、碎菜、肝泥等，每日2～3次，每次适量

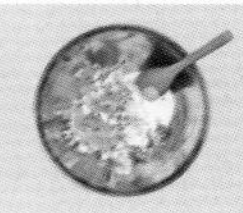
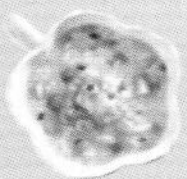

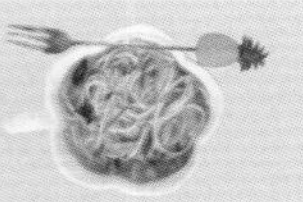

9～12月龄

软饭、疙瘩汤、软面条、儿童饼干等，每日2～3次，每次适量

风靡宝妈论坛的宝宝辅食歌谣

宝宝辅食莫着急，六月开始加米粉，
高铁不甜是必须，由稀到稠逐步加。
观察三天不过敏，根茎蔬菜就跟上，
土豆南瓜红薯好，适合吞咽无污染。
香蕉苹果泥也行，菜水果汁切勿上，
饭后白水成习惯，米粉持续加俩月。
糙米燕麦轮流换，七月继续各种泥，
慢慢开始喝烂粥，绿叶蔬菜方可加。
瘦肉肝泥可开荤，补铁营养全靠它，
鸡肉鸭肉慢慢来，八月初尝蛋黄鱼。
咀嚼吞咽是关键，各种菜泥变菜末，
食物性状很重要，逐步变糙锻炼娃。
水果可用咬咬乐，吸管喝水成习惯，
十月一天吃三顿，营养搭配莫忽视。
尝遍美食不挑食，一岁以前奶为主，
偶尔厌食属常见，观察过敏很重要。
湿疹腹泻都要停，鼻涕咳嗽需谨慎，
至少半年再复吃，消化吸收方能好。
一岁以后加油盐，此时可以吃全蛋，
大豆解禁可尝试，软饭面条均可吃。
自己吃饭很重要，营养健康顶呱呱。

儿科专家驾到

——离乳难题，有问必答

（Q＝问　A＝答）

Q 何时为最佳离乳时间？

A 不同宝宝和妈妈的实际情况不尽相同，所以没有特定的最佳断奶时间。如果是妈妈亲自喂母乳，建议喂到宝宝自然离乳为止；如果是背奶妈妈，则喂到至少 1 岁后，以母乳为主的饮食逐步过渡至以饭为主，再考虑离乳。

备注：背奶妈妈指的是产假结束上班后利用工作间隙把母乳挤出冷藏储存起来，晚上背回家给宝宝第二天喝的职场女性。

Q 断奶后乳房有肿胀感，要不要把乳汁挤出来？

A 可以挤几天，但不要吸空乳房，以乳房不感到肿胀为度，即模拟自然离乳的过程。这种情况大约会在断奶一周后自然消失。如果容易堵奶引发乳腺炎或其他问题，断奶后可以去正规医院的康复科进行残奶排出。

Q 离乳时妈妈应该陪在宝宝身边还是不让宝宝看到妈妈？

A 我们提倡循序渐进的自然离乳，而不是简单粗暴地让宝宝离开妈妈，所以离乳期间妈妈必须留在宝宝身边，陪着宝宝。乳房和妈妈的怀抱是宝宝最依恋、最温暖的港湾，两者骤然离开宝宝，宝宝幼小的心灵会受到很大的伤害，丧失安全感，产生人生第一次强烈的分离焦虑症，严重的甚至会影响性格的发展。

Q 在乳房上涂辣椒油是不是快速断奶的有效方法？

A 不可取！宝宝骤然发现平时吃的奶变成了刺激的味道，会受到严重的打击，会认为所有的东西都不好吃了，甚至拒绝吃其他食物。另外，刺激的辣椒油，很可能会损害宝宝娇嫩的口腔黏膜，无异于给小宝宝施加酷刑。

Q 泥糊状的辅食容易吞咽消化，可以长期给宝宝吃吗？

A 不可以！给宝宝添加辅食的过程，是让他适应流食→半流食→固体食物的过程，是由宝宝的口腔、消化系统的发育特点而决定的，可促进宝宝的味觉、嗅觉、消化系统的发育。添加泥糊状辅食除了方便宝宝吞咽和消化外，更重要的目的是开发宝宝的第九对脑神经——舌咽神经，让宝宝学会吞咽，为日后吃饭打基础。所以，在宝宝适应了流食和半流食后，应该尝试给宝宝添加一些需要咀嚼的食物，而不应该长期给宝宝吃泥糊状的食物。

Q 高蛋白的离乳餐对宝宝发育有益，是不是要多吃？

A 很多妈妈认为，要想让宝宝长得高、长得壮，就得多给他吃高蛋白的食物，比如鱼、虾、蛋、奶和肉等。其实，这样喂养出来的宝宝，可能会高、胖，但不一定壮、健康。高蛋白的食物多为动物性食品，胆固醇、饱和脂肪酸含量高，如果过多食用会对宝宝的动脉血管壁造成损害，还会使宝宝娇嫩的肾脏负担过重，容易损害肾脏功能。同成人一样，宝宝的一日三餐中各种营养素必须合理安排，不可只注重蛋白质的摄取。

Q 每种辅食添加几天后可以添加另一种辅食？

A 添加新辅食时，一开始一定只加一小口，连续观察3～4天，确保没有引起过敏，然后才可以逐渐加量。一周左右确定不过敏后，即可增加新的辅食。如果宝宝没有过敏反应，可以以每周1～2种的速度不断增加新食物，但添加新辅食一定要循序渐进，缓慢加量，确保不引起过敏。

Q 离乳应多喝汤，因为汤里的营养更容易吸收，这种说法对吗？

A 这实在是一个很大的误区。煲汤时水温升高，动物性食物中所含的蛋白质遇热后发生蛋白质变性，就凝固在肉里，真正能溶到汤中的蛋白质是很少的。而且宝宝的胃容量都比较小，如果大量喝汤就会影响其他食物的摄入。因此，不宜让宝宝喝过多的汤，最好连汤带肉一起吃。

特别专题第一辑

——产后瘦身计划同步进行

辣妈养成必杀技：产后瘦身，你了解吗？

穿好高跟鞋，
挺直腰，
抱好娃，
拿出所有的自信，
迎接更加夺目的自己！

作为产后新妈妈，体重是最担心的问题之一。无论如何控制，女性在怀孕期间大都会增重 8 ～ 15 千克，更有甚者增重 20 千克都不止。产后瘦身，不仅要减去怀孕期间增加的体重，还要让身体回到产前的轻盈状态，胸部丰满，腰肢婀娜。

辣妈瘦身计划启动：何时开始？怎样进行？

● 产后瘦身应于何时开始？

产后瘦身，并不是开始得越早越好。首先，产后 6 周（42 天）内是绝对不可以进行的。这是医学上所说的产褥期，也就是俗称的坐月子期间。其实，一直到产后 12 周为止，都要专注于让身体复原。

喂母乳的妈妈，建议瘦身计划在产后 4 ～ 6 个月间进行，因为哺乳本身会消耗大量体脂肪，对瘦身有帮助，再加上这个阶段的宝宝开始逐渐摄入少量辅食，妈妈就可以适当减肥了，但一定不要过度减肥；没有喂母乳的妈妈，可在产后 3 个月开始进行瘦身。但无论是喂母乳还是喂配方奶粉，都建议在产后 6 个月内完成瘦身。如果 6 个月内没有将体重调整回来，之后再想重新回到产前体重就会变得比较困难。

● 产后瘦身该怎样进行？

以瘦身餐为主，搭配适量的运动。推荐产后妈妈在手机里下载一个叫keep（保持）的软件，里面有很多针对性的视频教程。选择一些可以在家里进行的微运动，比如简单的体操、瑜伽、适应性训练等，搭配控制体重的菜谱，效果更佳。

下载keep软件，自律给你自由，瘦身同步进行。

产后瘦身计划怎么用最有效？

1. 最有效的瘦身方法是喂母乳，因为喂母乳会消耗大量热量，对减肥非常有帮助。

2. 无法改变孕期或月子期间的饮食习惯是导致产后瘦身失败的重要原因，因此产妇要尽量固定用餐时间，规律的饮食才能够避免暴饮暴食。

3. 搭配一定的运动。缺乏运动的人，容易疲惫、迟钝、有气无力。即便懒得运动，也要强迫自己多做一些简单的伸展。注意养成多喝水的习惯。

4. 瘦身初期，早上可以通过喝1杯果汁来排毒，找回身体平衡；瘦身中期早上1杯果汁，中午正常饮食，晚上1碗沙拉；瘦身后期用早上1杯果汁，中午和晚上都吃沙拉的方法维持。可以选择富含蛋白质的沙拉，以增加饱腹感。

● 如何制作瘦身餐？

瘦身餐是以低脂、低盐、低糖、低刺激的清淡饮食代替传统的富营养下奶餐。其实产后3～4个月，只要保证正常的饮食和足够的水分，奶水量就能稳定下来，就不用再喝大补的下奶汤了，那样只会徒增体重。本书推荐的妈妈瘦身餐，很多是利用给宝宝做辅食多出来的材料，搭配冰箱中现有的材料进行制作的，对于时间总是不够用的妈妈们来说既省时省力，又增加了亲子共享食谱的机会。

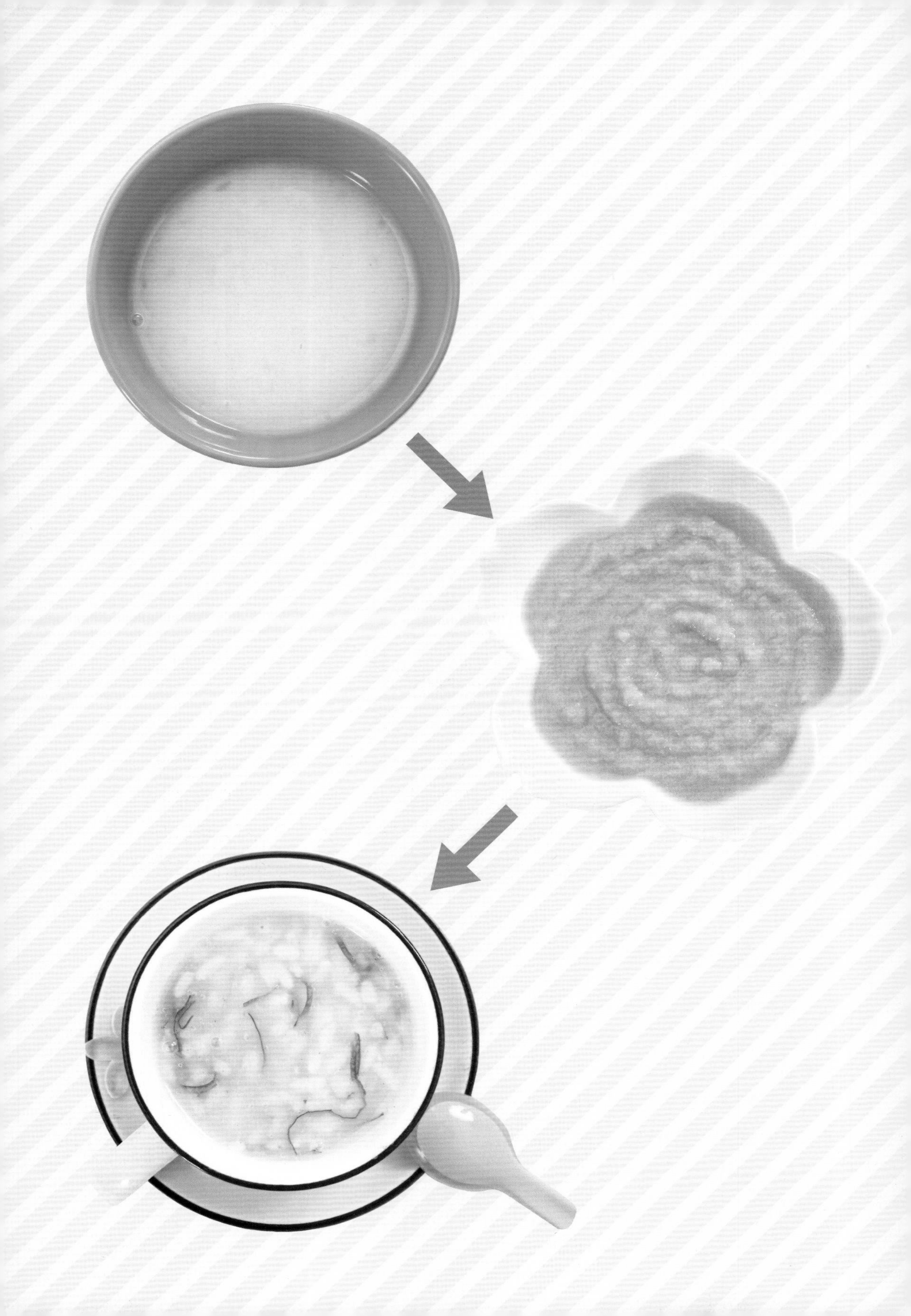

吮吸－吞咽期
（4～6月龄）

汤汤水水让宝宝初尝“人间烟火”

一般的宝宝到了4~6月龄时，母乳已经不太能满足宝宝生长发育以及“口欲”所需，可以让小宝宝尝尝母乳以外的食物了。从习惯吮吸乳头或奶嘴到用小嘴巴直接吞咽，宝宝需要一个逐渐适应的过程，所以我们最开始，要用最接近母乳形态的汤汤水水，来开启宝宝的初尝“人间烟火”之旅。

4月龄宝宝新探索

• 尝一尝母乳之外的味道 •

宝贝档案

发育特点	4个月大的宝宝，头围和胸围大致相等，比出生时长高10厘米以上，体重为出生时的2倍左右。可以靠着妈妈的胸口将头转90度；有支撑可以坐起来；大笑；对自己的手脚开始感兴趣；咬玩具。
可以吃的食物	由于身体发育的需求不断增大，体内储存的钙、铁等营养元素已接近耗尽，故建议大多数宝宝在4～6月龄时开始添加辅食。如果是完全用配方奶喂养，满4月龄后就可以开始加辅食了。
注意事项	4个月大的宝宝会爱上吃手，这是正常的生理现象。宝宝的口周神经发育相对较早，嘴巴是小月龄宝宝探索世界的工具，故宝宝吃手时家长不用过多干预，多爱抚宝宝、用玩具吸引宝宝、去室外拓展宝宝视野，大概到6月龄时，吃手现象会逐渐消失。

宝宝何时加辅食?

我国药王孙思邈（唐）在《千金要方》中明确提到："儿哺早者，儿不胜谷气，令生病，头面身体喜生疮，愈而复发，令儿尪弱难养。"意思是说，过早给婴幼儿添加辅食，会伤及小宝宝尚未发育完善的脾胃，使其瘦弱难养，容易患皮肤病，且会反复发作。

现代人在营养、体质等方面优于古人，辅食的添加比古人稍早。但最早也不宜早于4月龄，具体仍需要看宝宝的实际情况。

宝宝的第一口辅食建议是米油或米粉

我国传统儿科医生，建议宝宝的第一口辅食是米油。北宋儿科名著《阎氏小儿方论》中说："半岁以后，宜煎陈米稀粥，取粥面时时与之，十月以后，渐与稠粥烂饭，以助中气，自然易养少病。"稀粥、粥面就是指米油，即浮于粥上面的那层粥油，不带粥粒，易消化，食之可健脾胃，令宝宝易养少生病。李时珍亦称米油是人参汤，说宝宝食米油，"百日则肥"。

现代婴幼儿营养师建议宝宝第一口辅食是米粉。宝宝 4 ～ 6 月龄时，体内储存的铁几乎消耗殆尽，婴幼儿含铁米粉是根据宝宝每个阶段的身体发育特点配置而成的，具有贴近宝宝生长发育需求、低致敏、易消化等特点。

宝宝初次加辅食怎么加？加多少？

宝宝的第一口辅食是米油或米粉，注意米油一定不要有米粒，米粉则一定要稀，先从 1 汤匙开始，逐渐加至 2 汤匙，上午、下午各 1 次为宜。加米油或米粉 15 ～ 20 天，期间宝宝无过敏、消化不良等反应，可在米油或米汤中添加 1/4 个蛋黄，以补充铁剂。

引发宝宝对勺子的兴趣

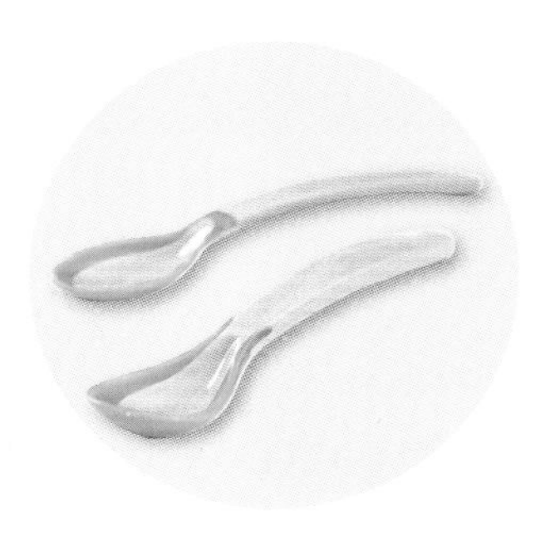

第一次喂辅食，无论是水还是稀米粉，都建议用勺子而不是奶瓶去喂，以引发宝宝对母乳或奶瓶以外的用具的兴趣。刚开始用勺子喂辅食，宝宝的舌头会做出习惯性的吃奶动作，这样食物就会被推至口腔外，宝宝甚至会哭。但这并不代表宝宝不喜欢吃辅食，只是人家刚尝试一种新的用具，不得其法而产生了失望或焦躁感。

初次添加辅食需注意的细节

夏季不开始：夏季宝宝食量减少，此时如果添加辅食宝宝容易表现出没有食欲，可以等到天气凉爽些再添加。

患病不添加：初次添加辅食一定要在宝宝身体健康、心情高兴的时候进行，若宝宝生病了，时间要后延。

出现不良反应要暂停：在添加辅食过程中，如果宝宝出现腹泻、便秘、厌奶等情况，要暂停添加辅食，等到宝宝消化功能恢复再重新开始。

不强求宝宝：宝宝也有不喜欢吃某种食物的情况，此时不能强求宝宝。没有非吃不可的辅食，换一种试试。而且宝宝不吃某种食物，也只是暂时的。

4月龄宝宝快乐离乳餐

米 油

适合 4 月龄宝宝

将米油当作宝宝的第一份辅食，不单单是因其易消化、营养好还能健脾胃，更因为米是家庭中最常用的食材，甚至不用专门去给宝宝做，我们在熬大米粥或小米粥时，将上面的米油给宝宝盛出来即可，非常方便。

● 准备离乳餐材料

1. 大米（或小米）20 克
2. 矿泉水 250 毫升

● 爱心离乳餐巧制作

1. 米淘洗干净，加清水泡 1 个小时。
2. 汤锅放水，水开后加入米，用大火烧沸，然后调为小火，煮约 30 分钟。
3. 待煮至黏稠时熄火，舀取上层的米油，晾温后喂食宝宝。

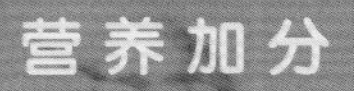

营养加分

给宝宝做米油时，米要提前浸泡 1 小时，这样煮出来的米汤更浓郁，米油量更多。

巧厨有妙招

锅盖错口或锅边支根筷子可以预防溢锅，中间不时用勺子搅拌，避免粘锅。

米粉

适合4月龄宝宝

如果时间很紧张，每天没有太多时间熬米汤，那么米粉作为宝宝的第一份辅食简直太便捷了。米粉在育婴店或超市都可以买到，而且冲调米粉非常简单，分分钟就可以搞定！

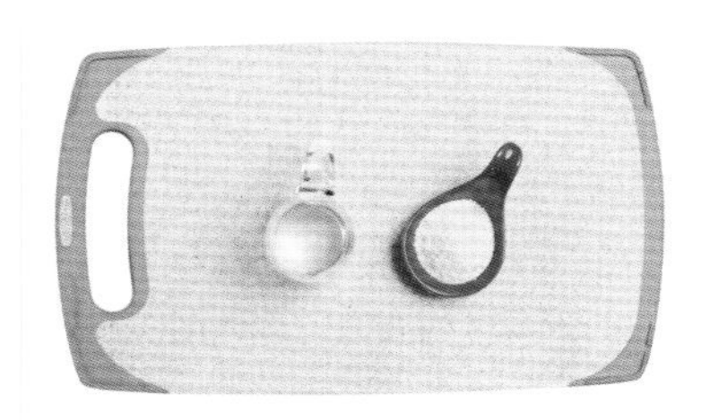

● 准备离乳餐材料

1. 米粉适量
2. 温开水适量

备注：米粉和温开水均根据包装盒上的喂哺表定量。

● 爱心离乳餐巧制作

1. 宝宝专用小碗、小匙用开水烫洗一下以消毒。
2. 将适量米粉放入小碗，然后倒入60℃～70℃温开水，边倒水边搅拌，使米粉和水充分接触。
3. 放置30秒，使米粉充分吸收水分，呈糊状且不烫后即可喂食。

巧厨有妙招

第一次加米粉建议是30毫升，即1奶粉匙；1周后可以逐步加至2奶粉匙，每日1~2次。用温开水或温牛奶冲服均可。

营养加分

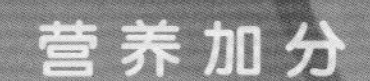

有人担心菠菜等青菜含草酸较多而不敢给宝宝吃，其实青菜焯烫后草酸就少很多了，如果还担心，可以用油菜、小白菜等草酸含量较少的青菜给小宝宝做菜水喝。但需要注意的是：不可因担心草酸含量高就将青菜煮太长时间，不然纤维素和维生素会流失过多，而且长期高温烹煮会产生对人体有害的亚硝酸盐，故建议煮青菜时长5~6分钟为宜。

儿科专家现身说法

● 小宝宝该不该喝煮苹果水

有的专家不建议给婴幼儿喂食煮熟的果汁或菜水，认为煮沸的过程中会破坏掉大量的维生素。这在营养学上固然有一定道理，但要看具体的蔬果。比如生苹果中含有更多的维生素，但煮熟的苹果中含有加热过的果胶，有吸附细菌和毒素的作用，故有收敛、止泻的功效。4 ～ 6 月龄婴儿有轻微腹泻时，一天两次喂服少量的煮苹果水，有很好的止泻功效哟！

苹果水

适合 4 月龄宝宝

第一次给宝宝加水果辅食，建议选用有“一日一苹果，疾病远离我”美誉的苹果。苹果是最常见的水果之一，营养丰富，性温和，不易引起过敏反应，味道香甜，生吃可以补充维生素，熟吃可止泻，是宝宝水果辅食的首选。

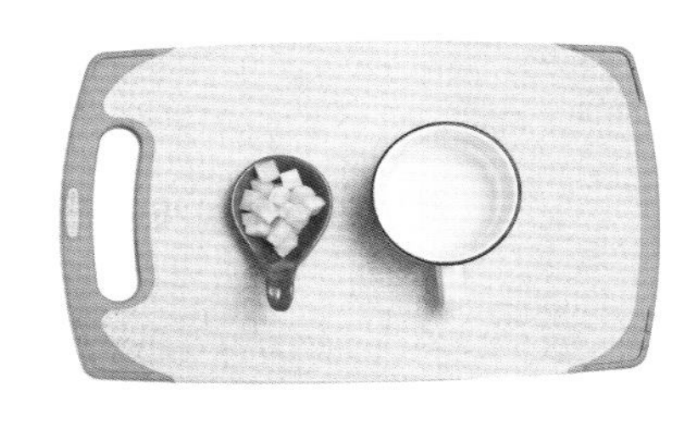

● 准备离乳餐材料

1. 苹果 1 个
2. 水 2000 毫升

● 爱心离乳餐巧制作

1. 苹果洗净，切成小方丁。

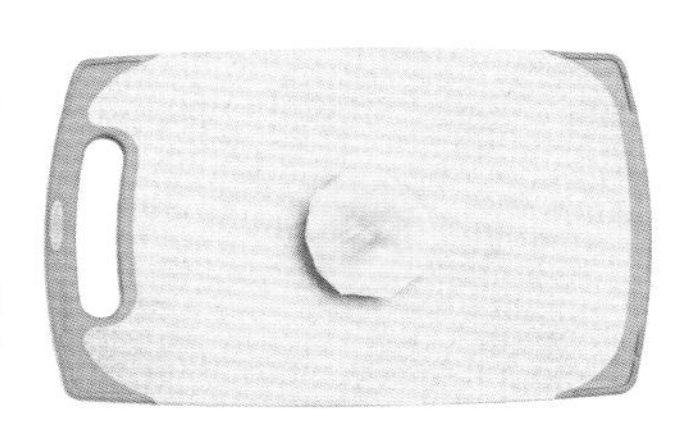

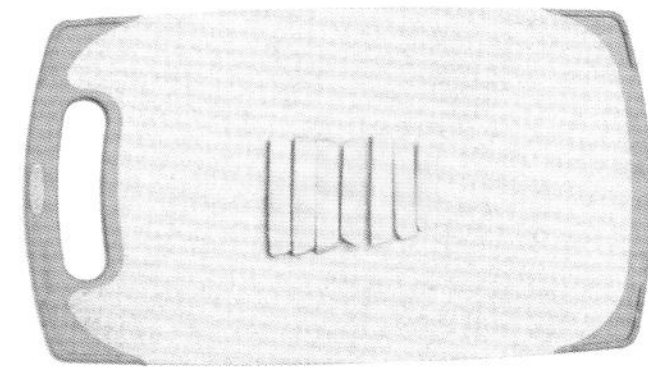

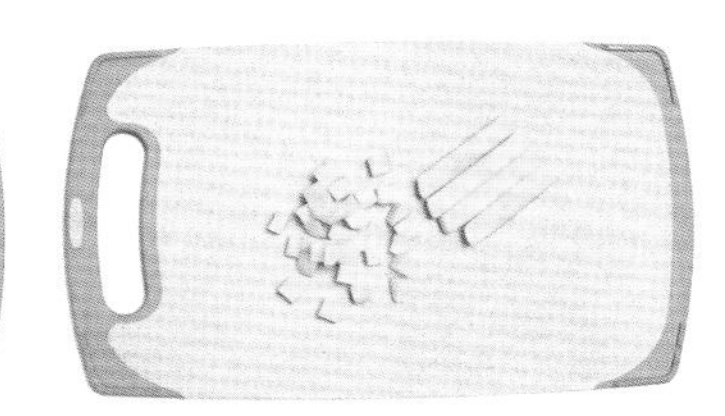

2. 电煮锅内加适量清水，加入苹果丁，盖上锅盖，煮至苹果软烂。

3. 关火，用汤匙按压苹果丁，滤去果渣留汤即可。

• 辅食种类逐步增多了 •

宝贝档案

发育特点	5月龄的宝宝一般身高62～67厘米，体重6～8千克。会翻身；垂直抱着时，可以把头支直；可以靠坐10～15分钟；会在爸爸妈妈腿上一蹬一蹬地跳跃；会把玩具往嘴里塞。
喂养与营养	5月龄的婴儿，每昼夜只需喂奶5～6次，所摄入的奶量可以维持较长时间，可以进行半离乳的准备了。可以尝试1/4个蛋黄，或者米粉、米糊、蔬菜汁，以及稍带点烂米粒的米汤等。
注意事项	添加辅食时先试一种，持续5天等宝宝适应后再添加另一种。量由少到多，浓度由淡到浓。

离乳餐是自己制作好还是购买市售的好？

给宝宝做离乳餐的材料不一定是有机材料，但必须选用当季新鲜材料。我们无法确定市售的辅食品材料是否是新鲜、安全、无添加的，所以离乳餐还是建议亲自制作。妈妈亲手制作的离乳餐有暖暖的母爱在里面，而且不容易浪费材料。比如可以早晨只做米汤，其余材料在喂食前剁碎或搅碎，额外添加在米汤中。

先喂奶还是先喂辅食？

辅食的添加时间应该安排在两次母乳或配方奶中间。一开始添加辅食时，先吃奶再给辅食，因为宝宝饥饿时一心想喝奶，什么山珍海味他也没兴趣。如果吃完辅食胃部还有空间，接着让宝宝喝饱奶，让宝宝明显体会到“饥”和“饱”的感觉，他就会对辅食越来越感兴趣，并避免出现少食多餐的问题。

本月龄的宝宝，每日只需要加2次辅食，并且奶的摄入量也不可因为添加辅食而减少，只是两次喂奶前有辅食的先期食入罢了。

宝宝吃饱和没吃饱的信号

5 月龄的宝宝该不该加离乳餐，只吃母乳或配方奶能否吃饱也是判断标准之一。看看你的宝宝有没有吃饱吧！

宝宝吃饱的信号

1. 吸吮母乳或奶瓶的频率逐渐降低，或安静地入睡。
2. 易被周围声音打扰，有一点动静就停止吸吮。
3. 用小舌头将乳头或奶嘴顶出去，如果妈妈强塞乳头或奶嘴，宝宝会将头转向一边甚至用大哭来抗议。

宝宝没有吃饱的信号

1. 宝宝吃完奶 1 个小时左右就开始叫嚷或哭闹，妈妈用手一点宝宝脸蛋，宝宝小嘴巴就找东西吃。说明液体的奶水已经不太顶饿。
2. 宝宝大小便次数明显减少。本月龄宝宝正常的大便次数每日 1~3 次，小便 10 次左右。
3. 宝宝不乖乖睡觉，不睡长觉。

不同阶段离乳餐的质地标准

大致月龄 标准及示例	6 月龄	7 ~ 8 月龄	9 ~ 10 月龄	11 ~ 18 月龄
口腔处理食物的方式	整嚼整咽	舌搅碎 + 牙龈咀嚼	主要靠牙龈咀嚼	主要靠牙齿咀嚼
离乳餐要求	质地柔滑的汤水状	质地稍厚的泥糊状	软饭类、软的碎块	软的小块
以南瓜为例	煮烂后碾成糊状，滤去渣	煮烂后碾成糊状	切成 5 厘米左右的碎块，煮软	切成 5 厘米左右的小块，煮软

各类辅食的添加顺序

	淀粉类食物	蔬菜	水果	动物性食物
按种类添加	婴儿含铁米粉	蔬果汁 蔬菜泥	水果汁 水果泥	蛋羹、鱼肉、肉松、肉泥等
按时间添加	配方奶粉喂养的宝宝，4～5 月龄可添加米粉、米糊等流食；纯母乳喂养的可延缓至 6 月龄	6～7 月龄时开始在米粉或米汤中加入蛋黄泥、果泥、菜泥等半固体的食物	8～10 月龄时，由半固体的食物逐渐过渡到可咀嚼的软固体食物，如碎菜粥、烂面条等	11～18 月龄时，逐渐转化为固体食物为主
动物性食物的添加顺序	先加蛋黄，从 1/4 个开始，逐渐加至整个蛋黄	鱼泥，注意剔净骨和刺	蒸蛋羹，先只蒸蛋黄羹，慢慢过渡至蒸全蛋，可加碎蔬菜	肉末

小米玉米糌汤

适合5月龄宝宝

● 准备离乳餐材料

1. 小米 40 克
2. 玉米糌 20 克
3. 矿泉水适量

● 爱心离乳餐巧制作

1. 小米、玉米糌放到一起，用清水淘洗干净。
2. 锅内放水，烧开后加入小米、玉米糌，大火烧开后改为中小火，熬煮 30 分钟左右。
3. 煮至汤稍稠时离火即成。

营养加分

小米由于无须精制，保存了许多的维生素和无机盐，和富含纤维素的玉米糌搭配，不仅营养加倍，还能健脾利胃，刺激肠道蠕动，对初加辅食容易便秘的小宝宝，有很好的预防便秘的功效。注意小米和玉米糌要提前过滤一下，以免有颗粒呛到小宝宝。

巧厨有妙招

千万不要熬得太稠，因为小米和玉米糌吸水性都很强，煮至稍稠即可关火，放一会儿会变得更稠。

胡萝卜米汤

适合5月龄宝宝

准备离乳餐材料

1. 胡萝卜 150 克
2. 小米 60 克
3. 矿泉水 500 毫升

爱心离乳餐巧制作

1. 胡萝卜洗净，去皮，切成小块；小米淘洗干净。
2. 锅内放水和胡萝卜块，烧开后加入小米，继续烧开 5 分钟后改成中小火熬煮。
3. 煮约 30 分钟至胡萝卜软烂即成。

营养加分

这是一款老少皆宜的营养汤，滋补的同时还可调理身体。尤其在小宝宝食欲减退、大便溏稀有不消化的食物时，喝此汤有很好的调节功效。建议小宝宝只喝上面的米油，尽量不要吃米粒或胡萝卜块，以免呛到。

巧厨有妙招

胡萝卜要选根部小的，更甜、更有营养。如果条件允许，可以把汤和胡萝卜、小米一起放到料理机中粉碎，放凉后食用。

鸡肉菠菜米汤

适合 5 月龄宝宝

- 准备离乳餐材料

1. 鸡胸肉 100 克
2. 菠菜 75 克
3. 大米 60 克
4. 矿泉水 500 毫升
5. 香油少许

营养加分

大米作为五谷之首，能补中益气；菠菜通血脉，止渴润燥，二者加上高蛋白、低热量的鸡胸肉做成的米汤，简直是宝宝的营养加油站。

● 爱心离乳餐巧制作

① 鸡胸肉洗净，剁成细细的泥状；菠菜洗净，烫熟，切成碎碎的末；大米淘洗干净。

② 锅内放水，放入洗净的大米，大火烧开后改用小火熬煮。

③ 煮大约 20 分钟，等大米煮开花后加入鸡胸肉泥，边加边搅拌，继续煮 5 分钟。

④ 加入菠菜碎，滴入香油，拌匀即可食用。

青菜米汤

适合 5 月龄宝宝

● 准备离乳餐材料

1. 荠菜适量
2. 大米 35 克
3. 矿泉水 500 毫升

● 爱心离乳餐巧制作

1. 荠菜洗净切碎，大米淘洗干净。
2. 锅内放水，同时放入大米，大火烧开后改成小火熬煮。
3. 煮约 20 分钟将大米煮开花，加入切碎的荠菜，小火煮 3 分钟后关火即可。

营养加分

这是款营养汤，可以为宝宝补充身体所需的营养，促进身体健康成长。如果宝宝消化好，可以直接食用；如果宝宝只能接受稀糊状辅食，可将米汤放入料理机打碎，放凉后食用。

巧厨有妙招

切记米汤放入料理机后，要开低速慢慢加速，如果一开始就用高速，食物容易溅出来，而且还容易伤到手。

苹果胡萝卜汁

适合5月龄宝宝

营养加分

味道甜美且富含胡萝卜素的胡萝卜一直是宝宝餐的首选材料之一，加上全方位健康水果——苹果，非常适合小月龄的宝宝饮用。因为宝宝的肠胃消化能力都弱，故榨汁前先煮2~3分钟，味道更好，营养也会被更好地激发出来。

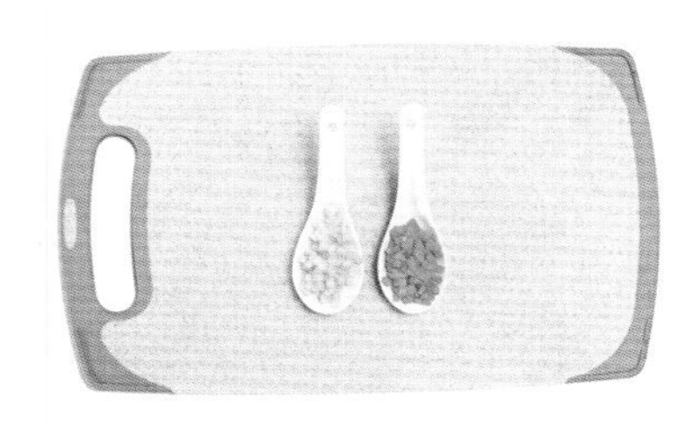

- 准备离乳餐材料

1. 苹果100克
2. 胡萝卜100克

- 爱心离乳餐巧制作

1. 苹果洗净，削皮、去核，切成小丁；胡萝卜洗净，削皮，切成小丁。
2. 锅内烧开水，然后放入胡萝卜丁、苹果丁，大火煮2～3分钟。
3. 将煮好的胡萝卜丁、苹果丁连同少许汤水一起放入料理机中粉碎，放凉后即可食用。

巧厨有妙招

煮胡萝卜丁、苹果丁的水不要倒掉，可以连同材料一起放入料理机中榨汁，味道更好，营养也更全面。注意给小宝宝喝的果汁不宜太稠，可以多加入一些开水。

特别专题第二辑

——辣妈同步营养瘦身规划（1）

宝妈在哺乳期是不是动辄就容易出汗，或者行动没有之前那么敏捷？管理自己的身材和给宝宝离乳可以同步进行。产后妈妈在瘦身的初级阶段，不要采取节食、太激烈的运动等方法，建议采用最简单方便的“果汁排毒法”来排毒瘦身。

蜂蜜柠檬水

推荐的产后第一杯瘦身果汁是柠檬水。以维生素C含量之最著称的柠檬水，不仅有利于分解脂肪和预防便秘，还可以美白肌肤，有助于产后身体恢复，消除疲劳感。

● 准备瘦身餐材料

1. 鲜柠檬1个
2. 蜂蜜适量
3. 开水少许

● 辣妈瘦身餐巧制作

1. 新鲜柠檬洗净，切成厚片。
2. 柠檬片放入杯子中，加入开水浸泡。
3. 待开水凉些后加入蜂蜜搅匀即可。

地瓜奶昔

● 准备瘦身餐材料

1. 酸奶 1 瓶
2. 地瓜适量

● 辣妈瘦身餐巧制作

1. 地瓜洗净去皮，切成块，放入蒸锅中蒸熟。
2. 将地瓜块和酸奶放入料理机中打碎即可。

巧厨有妙招

还可以根据自己的喜好加入些蜂蜜、坚果或肉桂粉。奶昔凉着喝口感更佳。如果气候温暖，可以头天晚上做好，放入冰箱冷藏，第二天早晨再取出食用。

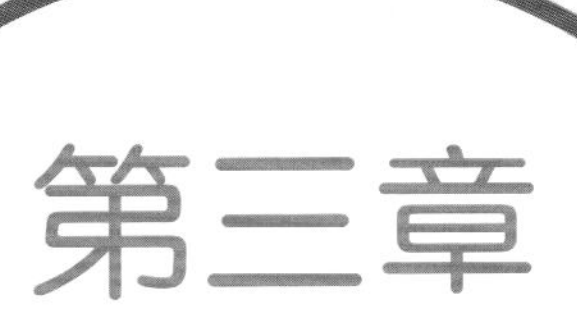

第三章

整吞整咽期

（6 月龄整）

萌娃能吞下半流质食物了，添加辅食正式开始

世界卫生组织建议纯母乳喂养的宝宝，在 6 月龄整开始添加辅食。6 个月大时，多数宝宝都有了想吃食物的欲望，但是舌头还只能前后移动，妈妈把柔滑的食物放入宝宝的小嘴巴里，宝宝可以把食物整个吞下去，所以称此时期为整吞整咽期。此阶段食物以汤水类和泥状食物为主。

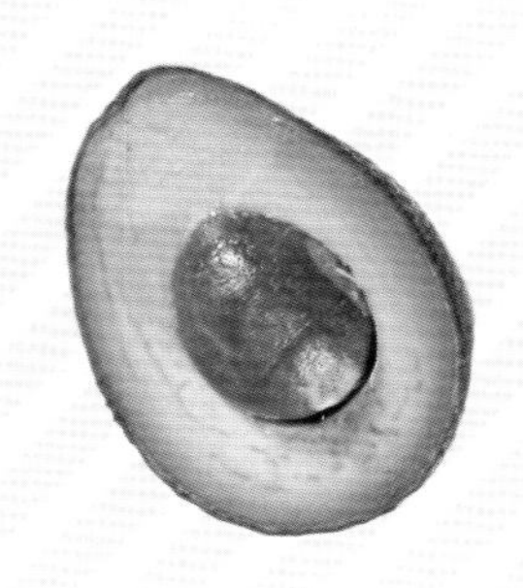

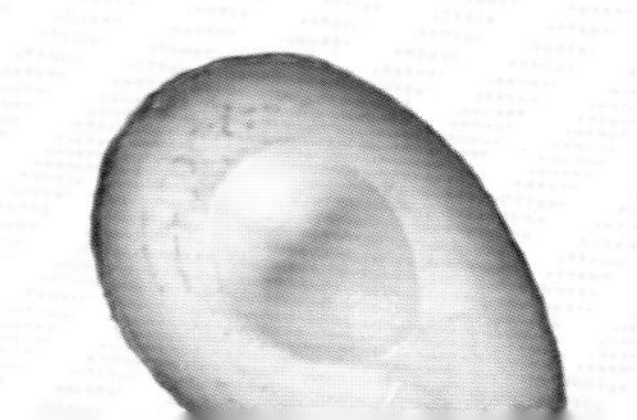

6月龄宝宝新探索

• 将辅食正式提上日程吧 •

宝贝档案

发育特点	体重增加 500 克，身高增加 1.8 厘米左右；可以向两边翻滚；会独坐片刻，开始学爬；可以自己拿着饼干吃，成人假装要拿宝宝手中玩具，会表示拒绝；听到别人叫他的名字会循声望去；会模仿发音节，如“mama”“baba”。
喂养与营养	上班族的妈妈本月可能母乳量急剧下降，可给宝宝加 1 ～ 2 餐奶粉，一次 180 毫升左右；如果宝宝不爱喝奶粉，可以加快添加辅食的进度；菜汁、果汁可以改为菜泥、果泥了。
注意事项	肥胖儿多是在 6 月龄左右奠定肥胖的基础的，故食量大的宝宝本月应该增加辅食，而不应增加奶量。如果每 10 天体重增加超过 250 克，就要用辅食加以调整控制了。

离乳餐不能取代奶的主食地位

即使宝宝再喜欢吃离乳餐，母乳或配方奶仍然是 1 岁半前宝宝的主食。宝宝在 1 岁以内时，应在每天保持充足的母乳或至少 800 毫升配方奶的基础上再加辅食；1 岁半后每天要保证 600 毫升的奶量。

6 月龄以内的宝宝需要喝水吗？

母乳分前奶和后奶，前奶 90% 以上都是水，故 6 月龄以内的婴儿通过吃母乳可以获得足够的水分，无须额外喝水；如果是配方奶喂养，或者母乳和配方奶混合喂养，理论上也无须额外加水。但如果宝宝出汗多或者尿少、尿色发黄，也可以喝少许白开水，但更推荐增加奶量——母乳或配方奶均可。

菜泥要和米粉等混合后再喂宝宝

菜泥和米粉、米糊味道差异很大，分开喂养宝宝，宝宝很容易选择一个而摒弃另外一个，造成宝宝挑食、偏食。不仅仅是菜泥，添加蛋黄、鱼泥、肉泥等时，也建议和米粉、米粥混合后再喂宝宝，不仅可以让宝宝更容易接受不同的食物味道，还可以营养互补，提高离乳餐的营养价值。

培养小宝宝用吸管喝水的习惯

纯母乳喂养的宝宝，很难让他接受奶瓶，更不用说水杯了；配方奶粉喂养的宝宝多依赖奶瓶，很难过渡到使用水杯。因为从“吮吸”到“喝”，对宝宝是一个极大的挑战，于是育儿专家发明了吸管杯这个“中介”。让宝宝爱上喝水，最便捷有效的办法就是送给宝宝一个吸管杯。

【宝妈看过来】

将不同食物混合不会影响吸收或增加负担，多样化的食物更能保证肠道菌群的多样性，促进肠道健康。

好的离乳餐应符合哪些标准?

标准 1 具有一定的营养密度。6 月龄的宝宝对铁的需求量增加，故可以添加含铁的营养米粉、米糊等作为主食，再搭配果泥、菜泥等，增加维生素、矿物质等的摄入。

标准 2 离乳餐的颗粒大小、软硬程度，应该和宝宝当前的消化能力、咀嚼能力相匹配，让宝宝容易咀嚼和吞咽，进食和消化都不困难。

标准 3 离乳餐的材料要新鲜，制作过程要干净卫生。因为宝宝的免疫系统、消化系统都还在发育和完善中，有少量细菌的食物可能对成人没有影响，却可能引起宝宝腹泻。

标准 4 不要含有骨头等小块，否则存在卡喉、呛喉的风险。

标准 5 尽量保持食材的原味。小宝宝口味比较清淡，食物应尽量保持原汁原味，最好在 1 岁前都少糖、无盐，不加作料，坚持清淡饮食。

怎样将蛋黄和蛋清轻松分离？

方法	具体操作	优缺点
传统凿口法	在鸡蛋底部凿一个小口，轻轻晃动鸡蛋，让蛋清流入碗里。	优点：不用借助工具，简单省事儿。缺点：蛋清完全流出需要些时间，操作不当容易将蛋黄漏出一部分。
磕开鸡蛋取蛋黄	鸡蛋磕成两半，将蛋黄在两个蛋壳中来回倒几次，让蛋清流到碗中，蛋黄则留在蛋壳内。	优点：简单省事儿。缺点：操作前须将手和鸡蛋外壳彻底洗净，以避免处理过程中手和蛋壳上的细菌污染蛋液。
勺子舀出法	把鸡蛋打到碗里后，用勺子或漏勺直接把蛋黄舀起来，分离蛋清和蛋黄。	优点：简单易操作。缺点：不易彻底分离，蛋黄中可能会有少许蛋清残留。
矿泉水瓶分离法	把鸡蛋整个磕入碗里，挤压空矿泉水瓶排气后对准碗里的蛋黄，松开挤压瓶子的力气，蛋黄就被吸出来了。	优点：容易彻底分离蛋黄和蛋清。缺点：操作难度较高。
鸡蛋分离器	把鸡蛋直接磕在分离器上面，蛋清从分离器的孔隙流到碗里，蛋黄、蛋清就分离了。	优点：简单、卫生、快捷。缺点：需特别准备工具。

6月龄宝宝快乐离乳餐

牛油果，也称为鳄梨，营养价值非常高，富含DHA（俗称脑黄金），是宝宝离乳餐的优选水果之一。单吃牛油果有点腻，宝宝可能不太愿意接受，故可以搭配宝宝爱吃的苹果，宝宝就容易接受了。牛油果苹果泥的营养价值和医疗价值都很高，还具有通便止泻的双重功效。

营养加分

挑选牛油果时，选择表皮呈黑色，摸上去有一点软软的，这是成熟的牛油果，营养价值较高。绿色的、摸起来硬硬的那种不太熟，味道和营养都略逊一筹，不建议选择。

牛油果苹果泥

适合 6 月龄宝宝

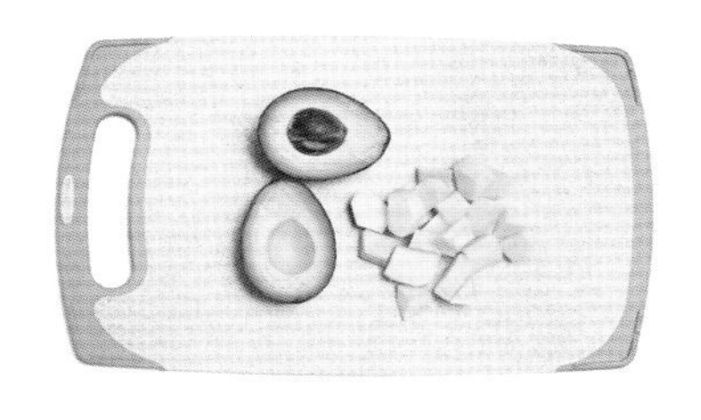

巧厨有妙招

苹果直接打成泥颗粒稍大，适合大月龄的宝宝；蒸熟再打泥更细腻，适合小月龄的宝宝。苹果蒸熟后不容易氧化变黑，色泽更漂亮。

● 准备离乳餐材料

1. 牛油果 1/4 个
2. 红富士苹果半个

● 爱心离乳餐巧制作

1. 苹果洗净后削皮、去核，切成块，蒸熟。

2. 牛油果洗净，对半切开，去掉果核，用勺子挖出果肉。

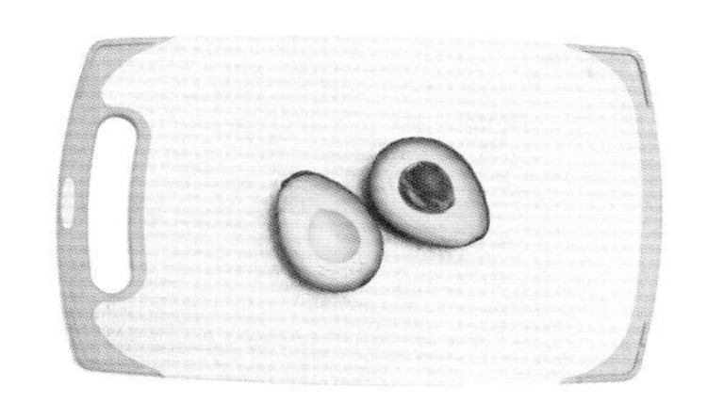

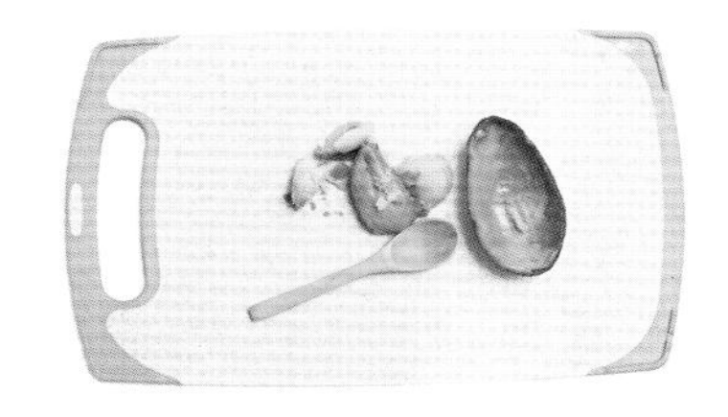

3. 将蒸熟的苹果块连同牛油果果肉一起放入杯子中，用料理棒打成泥。

圆白菜大米糊

适合 6 月龄宝宝

圆白菜，别名洋白菜、结球甘蓝等，味道鲜美，营养丰富，是宝宝辅食添加菜泥、菜末时最常用的材料之一。

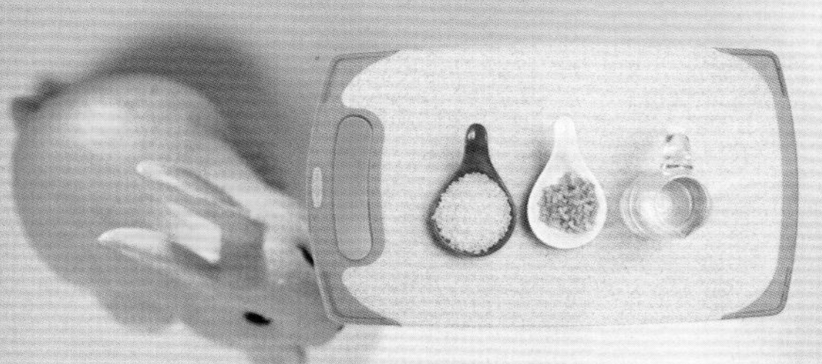

● 准备离乳餐材料

1. 圆白菜 60 克
2. 大米适量
3. 矿泉水适量

● 爱心离乳餐巧制作

1. 圆白菜一片一片洗净，切碎；大米淘洗干净。
2. 锅内倒入矿泉水，放入洗净的大米，烧开后改成小火熬煮 20 分钟左右。
3. 煮至大米开花后放入圆白菜碎，继续煮至圆白菜碎变色，一同倒入料理机中搅碎即可。

巧厨有妙招

选购圆白菜，不论什么季节、什么品种，都要选择叶球坚硬紧实的。圆白菜买回来放在冰箱装蔬菜的保鲜盒里，可以存放一个星期。

土豆苹果泥

适合 6 月龄宝宝

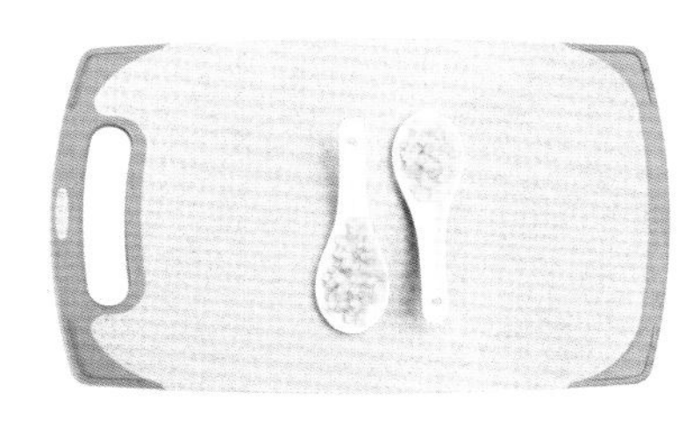

● 爱心离乳餐巧制作

① 土豆洗净，去皮，切成块，然后上锅蒸熟。

② 苹果洗净，去皮、核，切成丁。

③ 将蒸好的土豆块和苹果丁一起放入杯子里，用料理棒打成泥。

● 准备离乳餐材料

① 小土豆 1 个

② 苹果 1 个

巧厨有妙招

土豆容易发芽，产生一种叫龙葵碱的毒素，对人体有害。如何避免？将土豆放入袋子里，根据土豆量放入几个苹果，放在阴凉处保存。苹果会散发一种叫乙烯的气体，可以减缓土豆的发芽进程。

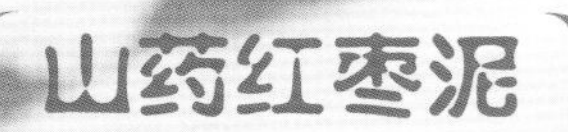

山药红枣泥

适合6月龄宝宝

山药是一种药食同源的材料，以能健脾利胃、补中益气著称，非常适合用来调理宝宝的脾胃，加上甜甜的红枣，宝宝大多爱吃。但山药红枣泥吃多了不易消化，建议一周吃1～2次为宜。

● 准备离乳餐材料

① 山药半根
② 小红枣 6 颗

● 爱心离乳餐巧制作

① 山药削皮，洗净，切成小丁或片；小红枣洗净，用清水泡发 20 分钟。

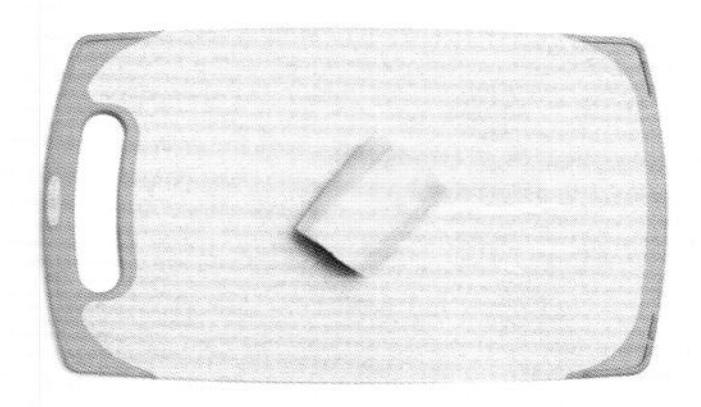

② 山药和红枣一起上蒸锅蒸 15 分钟左右。

③ 蒸好后趁热把红枣去皮、核，然后把红枣肉和山药一起放入杯子里。

④ 用料理棒打成泥状即可。

南瓜米粉糊

适合6月龄宝宝

● 准备离乳餐材料

1. 南瓜50克
2. 婴儿米粉适量

● 爱心离乳餐巧制作

1. 南瓜去皮和瓤，洗净，切成小块，上蒸锅蒸熟。
2. 取出蒸熟的南瓜块，用勺子压成南瓜泥。
3. 用温开水冲好婴儿米粉，放入南瓜泥，搅拌均匀即成。

营养加分

南瓜味道甘美，含有多种维生素和矿物质，可以促进肝、肾细胞的再生能力，而且是宝宝补血的好材料哟！

奶香红薯泥

适合 6 月龄宝宝

准备离乳餐材料

1. 红薯 300 克
2. 母乳或配方奶少许

营养加分

红薯富含多种营养物质，含有蛋白质、粗纤维和多种维生素，还可以缓解宝宝便秘。但需注意控制红薯类辅食进食量，以免造成宝宝腹胀。

爱心离乳餐巧制作

1. 红薯洗净去皮，切成块，隔水蒸熟。
2. 配方奶粉用温开水冲调好。
3. 将母乳或配方奶和红薯块一起放到料理机中搅打均匀即可。

巧厨有妙招

打红薯泥时加入适量母乳或配方奶，是因为小月龄的宝宝吞咽功能尚不完善，只能吃调稀的菜泥。

美味西蓝花泥

适合6月龄宝宝

土豆含有丰富的碳水化合物，西蓝花含有丰富的维生素和矿物质，两者都可以单独和米粉搭配，也可以一起搭配成营养互补的辅食。

营养加分

西蓝花中的矿物质成分比其他蔬菜更全面，维生素C的含量也高于白菜、西红柿等，可以很好地提高宝宝的免疫力；土豆的营养就更全面了，而且土豆的蛋白质组成比较接近动物蛋白，非常适合添加辅食初期的宝宝食用，再加上熟悉的奶香，宝宝一定会爱吃的。

● 准备离乳餐材料

1. 西蓝花 30 克
2. 土豆 10 克
3. 配方奶粉适量

● 爱心离乳餐巧制作

1. 西蓝花洗净，掰成小朵，放入开水锅里煮熟（蒸熟也行）。

2. 土豆削皮后洗净，切成块，上蒸锅蒸熟。

3. 将蒸熟的西蓝花块和土豆块一起放入杯中用料理棒打成泥。

4. 盛出西蓝花土豆泥，加入少许冲调好的配方奶即成。

巧厨有妙招

清洗西蓝花时先用盐水浸泡 2~3 分钟，可以有效去除里边的农药残留。

特别专题第三辑

——辣妈同步营养瘦身规划（2）

宝宝已经半岁了，宝妈此时如果再不注意自己的身材管理，以后想减肥可就不那么容易了。本月起，几乎所有宝宝都开始加辅食了，所以早餐饮用果汁排毒减肥的妈妈，中午之前就不能加餐了。当然，白开水或者不含糖的柠檬水还是可以喝的，有助于增加下奶量。

黄瓜苹果柠檬汁

排毒减肥，怎么少得了性凉味甘的小黄瓜？口感清爽且水分相当多，非常适合喂完奶就容易口渴的妈妈食用。有些人不太喜欢黄瓜味，那就加上甜甜的苹果和酸酸的柠檬，味道超级甘美。

营养加分

黄瓜性凉，有清热解毒、消渴减肥的功效；苹果中含有较多的钾，可以与人体中过剩的钠盐结合使之排出体外，且有补血宁神的功效；柠檬富含维生素C。黄瓜苹果柠檬汁是一款宝妈们都钟爱的味道甘美又可帮助排出身体毒素的果汁。

巧厨有妙招

此果汁特别适合夏季饮用，但切忌长时间存放，最好也不要放冰箱过夜，现榨现喝才能保证口味、营养、排毒功效俱佳。

● **准备瘦身餐材料**

1. 黄瓜 100 克
2. 苹果 100 克
3. 柠檬适量

● **辣妈瘦身餐巧制作**

1. 黄瓜、柠檬分别洗净去皮，切成块。苹果洗净，去皮、核，切成块。
2. 将黄瓜块、苹果块、柠檬块一同放入料理机中打成汁即可。

西葫芦苹果奶昔

西葫芦（也叫茭瓜）含有丰富的叶酸，热量低，每 100 克西葫芦中只有 38 卡路里的热量，所以不仅适合孕早期的孕妈妈，也非常适合产后希望瘦身减肥的哺乳期妈妈食用。在减肥过程中，可能容易出现胃部不适的情况，此时饮用西葫芦汁还可以防止胃酸分泌过多，保护胃部。加入苹果和乳酸菌酸奶，会在口感和营养上进一步加分，而且乳酸菌还有排毒、益肠道的功效。

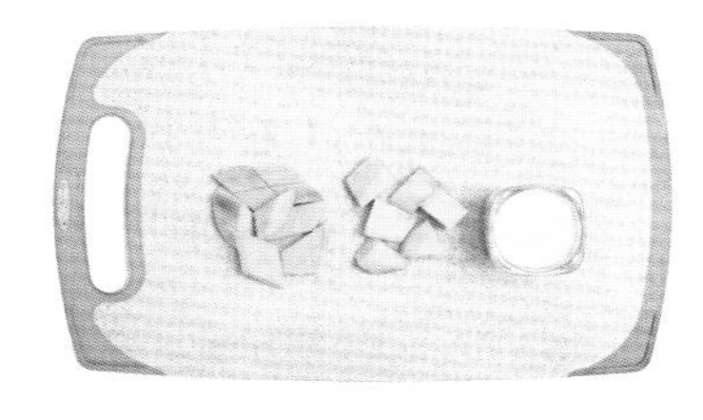

● 准备瘦身餐材料

1. 西葫芦 30 克
2. 苹果 100 克
3. 儿童乳酸菌酸奶 100 克

● 辣妈瘦身餐巧制作

1. 西葫芦洗净，切成小块，放入锅中，加水煮 3 ～ 5 分钟，使质地软化，不再有蔬菜的青涩味。
2. 苹果洗净，去皮、核，切成块。
3. 将苹果块、西葫芦块连同儿童乳酸菌酸奶一起放入料理机中打碎即成。

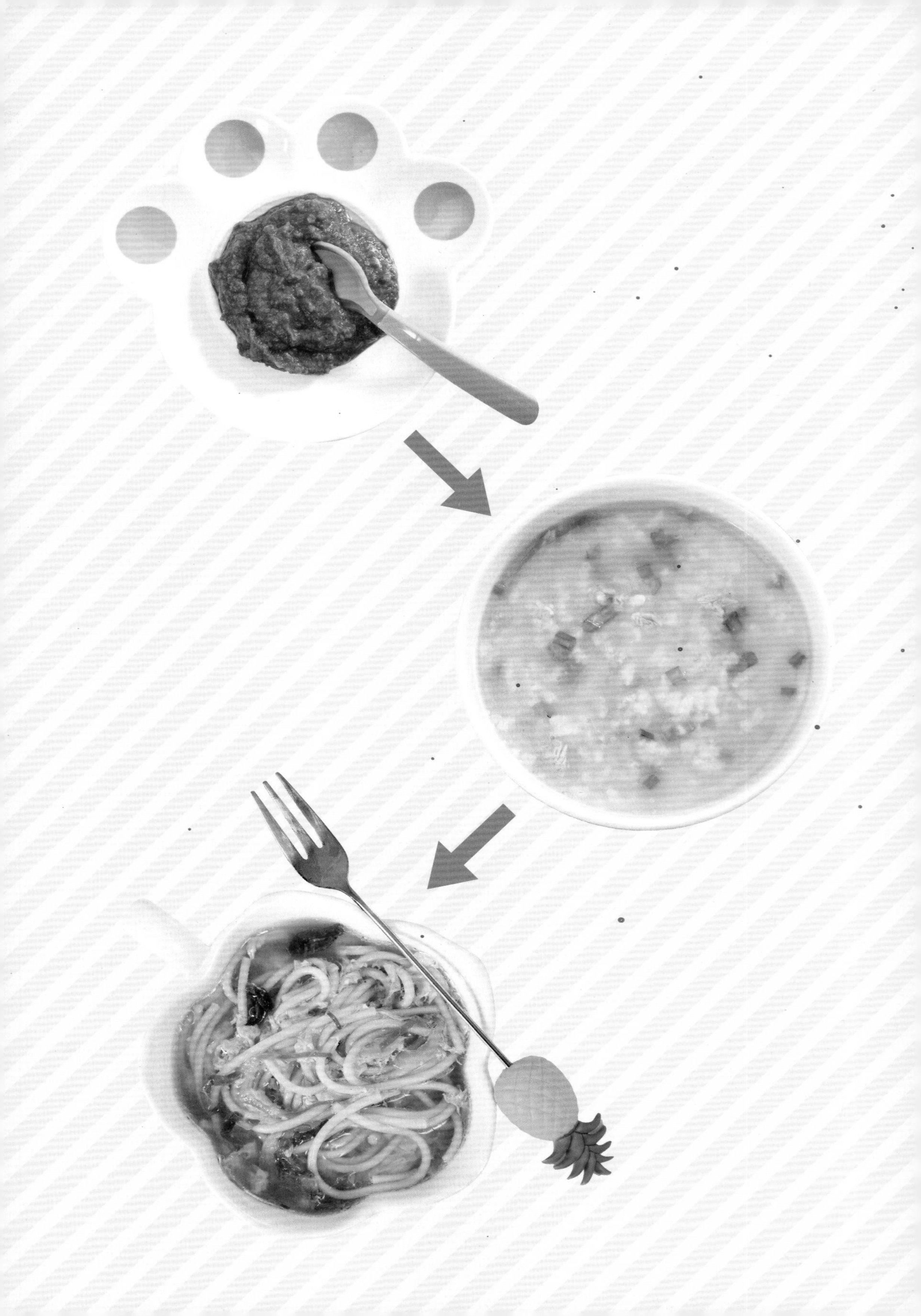

第四章

蠕嚼期

（7～8月龄）

宝宝馋馋馋 小嘴巴动起来

7月继续各种泥，慢慢开始喝烂粥，绿叶蔬菜均可加，瘦肉肝泥可开荤，补铁营养全靠它，鸡肉鸭肉慢慢来。随着月龄的不断增加，小宝宝的舌头越来越灵活，牙龈也逐渐变得坚硬起来，尤其是长出门牙之后，宝宝开始逐渐学会用舌头搅碎食物，或者用牙龈咀嚼了。从外观看，小宝宝的嘴巴蠕动着咀嚼食物，故称之为蠕嚼期。食物性能开始从柔滑的泥状逐渐过渡至稍厚的泥糊状了。

7月龄宝宝新探索

• 是时候晒晒我的小舌头的新技能了 •

宝贝档案

发育特点	体重增加 500 克，身高增加 1.7 厘米左右；开始长出 1 ～ 3 颗门牙；没有支撑也可以坐；继续学爬，开始扶站；可以准确抓握，并将玩具换手；初步建立语言动作联系，比如正确做出欢迎、再见的手势。
喂养与营养	母乳或配方奶粉的量可以减至每日 4 次，一天奶量 600 ～ 800 毫升，辅食可以代替 1 ～ 2 次奶。7 个月大的宝宝不仅可以吃蛋黄，还可以吃蛋白了，一天可以吃一整个鸡蛋羹；可以添加肝泥、肉泥、碎菜、豆腐等辅食。
注意事项	本月宝宝的翻身动作已经特别熟练，家长离开宝宝身边之前，一定要做好防护措施，避免宝宝从床上坠落；收拾好宝宝周围的东西，避免被宝宝塞入口中。

如何添加新辅食？

随着月龄的增长，宝宝长期吃某一种或某一类食物，容易造成营养失衡或偏食，所以妈妈们要注意增加新辅食哟！就像大人接受新事物需要尝试一样，小宝宝接受新辅食也需要尝试，甚至需要多次尝试。所以亲爱的宝妈们一定要有耐心，用温柔的态度让小宝宝逐渐爱上更多新的爱心离乳餐。

秘诀：耐心！当宝宝拒绝新食物时，隔天等宝宝心情愉快时再尝试，或者在宝宝喜欢的辅食中加入少量新辅食。耐心地多试几次就好啦！

宝宝离乳餐的添加原则

离乳餐的品种和数量添加，要根据宝宝的实际需要和消化系统成熟程度，遵照循序渐进的原则进行。

1. 由单纯到混合：宝宝的第一口离乳餐一般是单纯的米粉，适应 1 个月后，第二个月可以加入蛋黄；蛋黄米粉适应 5 ～ 7 天后，可添加果泥或菜泥。总之是让宝宝适应一种食物后，再尝试多种食物混合食用。

2. 由稀到稠：流质→半流质→固体。

3. 量由少到多，质地由细到粗。根据宝宝发育特点，逐渐锻炼宝宝吞咽、咀嚼等能力。

4. 不能强迫进食。当宝宝不愿意吃某种食物时，可暂停喂食，或者换个方式，比如等宝宝饥饿时给新食物。每种新食物可能尝试多次才会被宝宝接受。

5. 视情况而定。天气炎热或宝宝患病时，应暂缓添加新品种。

果泥和菜泥的制作技巧

果泥：以苹果（选面苹果更佳）为例，洗净后切成两半，用勺子刮泥，随刮随吃。若是给 8 月龄以下的宝宝吃，苹果要先水煮后再压制成泥糊状。

菜泥：以菠菜为例，将菠菜嫩叶去柄洗净，切碎，放入蒸锅内蒸熟，取出捣碎，去掉菜筋，用勺子搅拌成菜泥。

 宝宝食谱中必备的五大食物类别

谷类	即主食，包括米粉、米粥、软饭团、面包、面条等，含有丰富的碳水化合物，可以给宝宝提供必需的能量。
肉类或豆制品	蛋白质的最主要来源。肉类的添加应该是先白肉类（鱼、虾、贝类、鸡肉等）后红肉类（牛肉、猪肉、羊肉等）。
蔬菜类	根据地域和季节选择新鲜蔬菜，可以补充宝宝成长必需的维生素、矿物质以及纤维素等。
水果类	可以选择当季水果给宝宝做果泥或零食吃。
奶和奶制品	不局限于液体奶，一岁以上的宝宝可以选择酸奶、布丁等奶制品。

圆白菜的别称有包心菜、卷心菜、包菜等，有杀菌消炎和预防感冒的功效。不同品种圆白菜可能在形状上略有不同，但营养功效相差无几。圆白菜富含维生素C，在世界卫生组织推荐的最佳食物中排名第三。为了色泽漂亮，婴儿米粉建议搭配颜色偏绿的圆白菜。

营养加分

圆白菜是维生素C和纤维素的良好来源，还含有较多的微量元素钼和锰，是人体制造酶、激素等活性物质所必不可少的原料，可以促进人体物质代谢，十分有利于宝宝的生长发育，常食能提高人体免疫力，预防感冒，非常适合宝宝食用。

巧厨有妙招

圆白菜中粗纤维含量较高，质地较硬，故给宝宝做辅食时建议打成泥，而不用菜末。

圆白菜米糊

适合7月龄宝宝

● 准备离乳餐材料

1. 圆白菜2～3片
2. 婴儿米粉90克
3. 矿泉水适量

● 爱心离乳餐巧制作

1. 圆白菜分成片，洗净，撕成小朵，用清水浸泡3～5分钟以去掉化肥等的残留物。

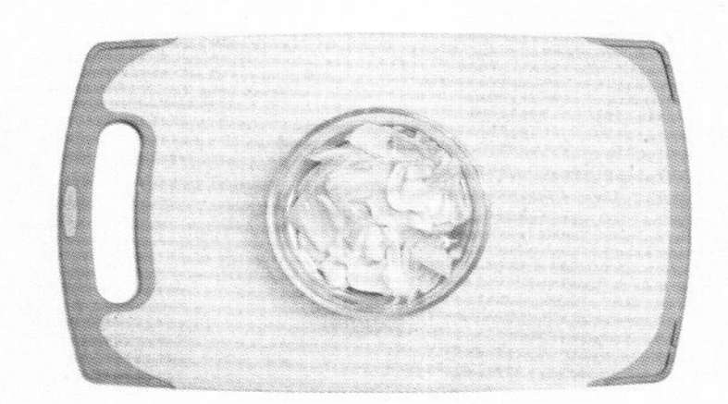

2. 捞出圆白菜，放入开水锅中煮熟（煮约5分钟）。
3. 装入杯中，用料理棒打成泥。

4. 婴儿碗用开水消毒，然后放入婴儿米粉，用温开水冲调。
5. 将圆白菜泥倒入冲调好的婴儿米粉中，搅拌均匀并晾凉即可。

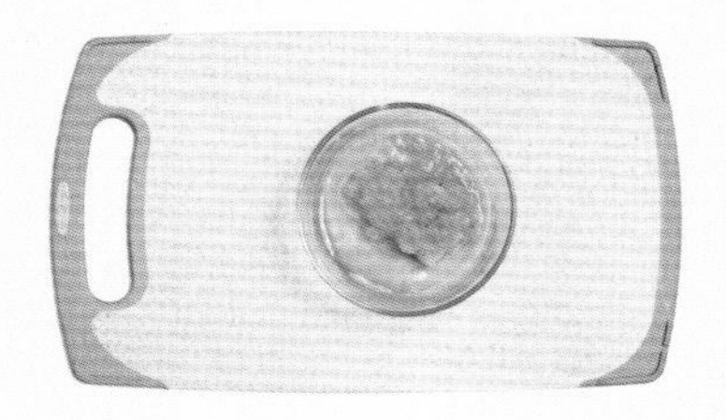

牛油果香蕉米糊

适合7月龄宝宝

● 准备离乳餐材料

1. 牛油果 1/4 个
2. 香蕉 1/3 个
3. 婴儿米粉 100 克（用奶粉勺量取 3 勺半）

● 爱心离乳餐巧制作

1. 牛油果取果肉，与香蕉果肉分别切小块，放入大杯中，加入少许温水，用料理棒打成糊状。
2. 婴儿碗用开水消毒，然后放入婴儿米粉，用温开水冲调（因后面要加果泥，所以米粉要冲得稀一些）。
3. 在冲调好的婴儿米粉中加入适量果泥，香甜甜的牛油果香蕉米糊就做好啦！

巧厨有妙招

加入温水可以将果泥打得更细腻，一般打 20~30 秒就可以了。打完用勺子检查是否还有大颗粒，如果有，继续再打一会儿就好了。

苹果泥

适合 7 月龄宝宝

● 准备离乳餐材料

1. 中等大小苹果半个
2. 温开水 30 毫升

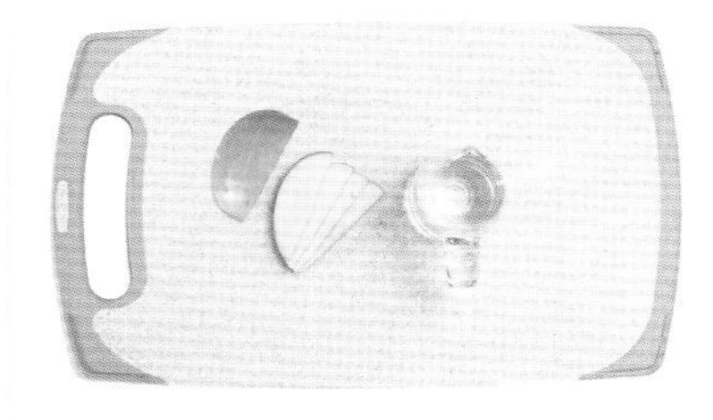

● 爱心离乳餐巧制作

1. 把苹果洗净，去皮、核，切成块。
2. 锅内烧开水，放入苹果块煮 1 ～ 2 分钟，捞出。
3. 将苹果块放入料理机，再加入温开水，低速搅拌 2 分钟就可以了。

营养加分

刚开始给宝宝加水果泥时千万不要贪多，要一点点加，从稀到稠，从细到粗。

巧厨有妙招

加少许水的目的是让做出的苹果泥更细腻。如果用料理棒制作，1/3 个苹果就够了。。按上述方法做出来的苹果泥跟市售的味道和口感几乎一模一样。

青菜米粉糊

适合7月龄宝宝

- 准备离乳餐材料

① 青菜数根
② 婴儿米粉适量

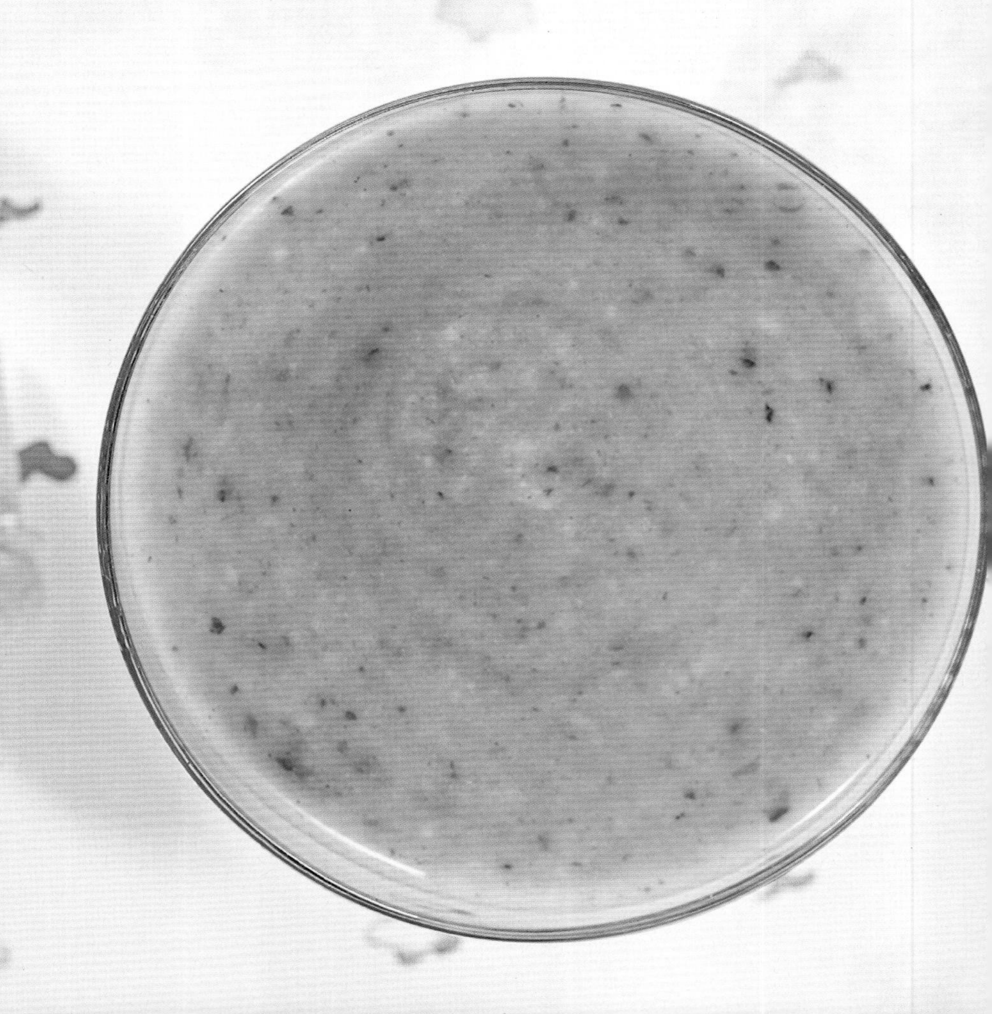

● 爱心离乳餐巧制作

❶ 青菜一根根洗净，用淡盐水浸泡3～5分钟。

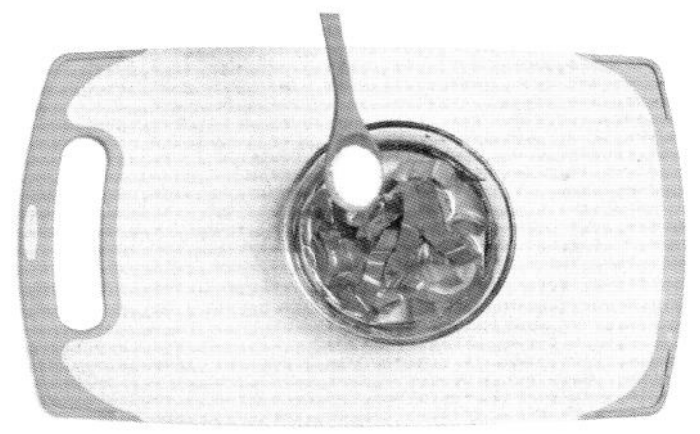

❷ 锅内放水烧开，放入青菜烫1～2分钟，以去除草酸。

❸ 将烫过的青菜用刀切成很细的碎末，或者用研磨碗研碎。

❹ 婴儿碗用开水消毒，然后放入婴儿米粉，用温开水冲调。

❺ 在冲调好的婴儿米粉中加入1～2勺青菜泥，搅拌均匀即可。

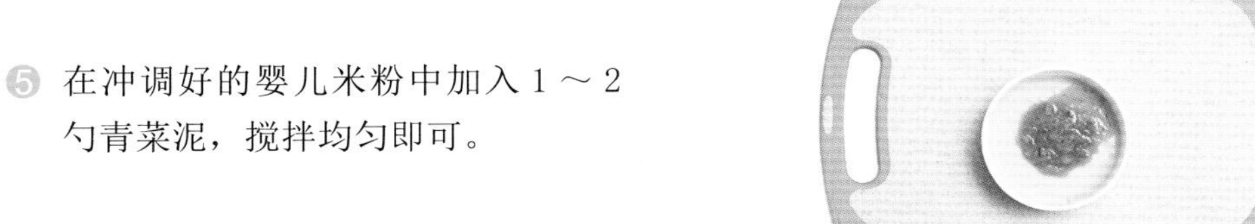

巧厨有妙招

有人建议将青菜浸泡20分钟以去除残余农药，其实完全没必要，浸泡久了反而让农药更多浸入青菜内部组织，通常浸泡3~5分钟足矣。

雪梨藕粉羹

适合 7 月龄宝宝

天气干燥或空气质量不佳时，适合给宝宝喂服一些梨水。如果觉得口味寡淡或者不顶饿，可加入藕粉做成羹。藕粉的铁、钙等元素含量丰富，有显著的清火、补益气血、增强机体免疫力的功效，而且易消化，是宝宝不错的辅食选择。需注意的是，给未满 1 岁的宝宝选择藕粉时一定要选择无糖型的，冲调得稍微稀一些。

● 准备离乳餐材料

① 雪梨 1/4 个

② 藕粉 1 袋

● 爱心离乳餐巧制作

① 雪梨洗净，去皮去核后放入杯中用料理棒打碎。

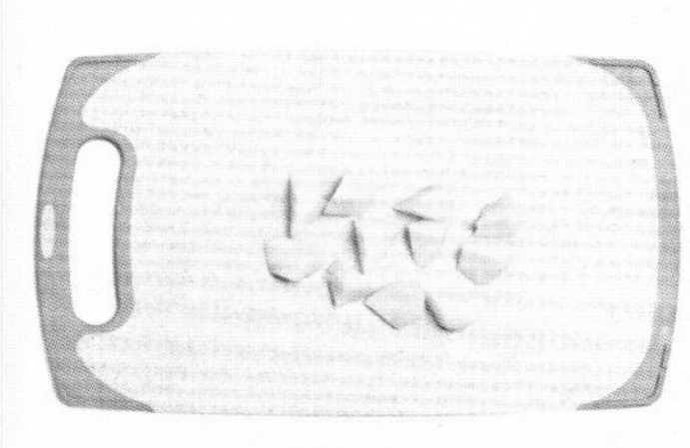

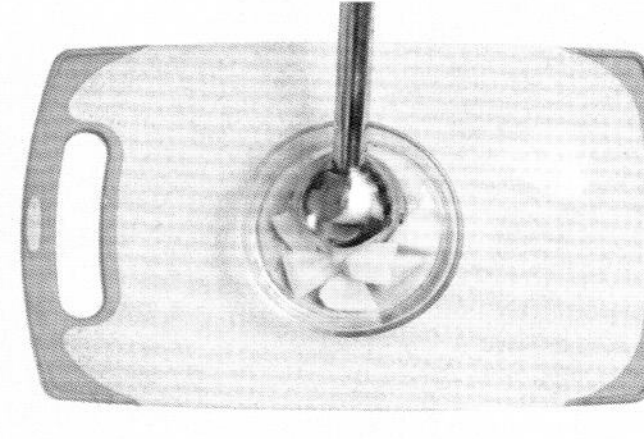

② 锅里放水，烧开后倒入捣碎的雪梨。

③ 等锅内水再次烧开后加入藕粉，快速搅拌即成。

巧厨有妙招

藕粉本身就是熟的，倒入梨水中稍微一烫即可。

母乳紫薯泥

适合7月龄宝宝

● 准备离乳餐材料

1. 紫薯150克
2. 母乳70毫升

● 爱心离乳餐巧制作

1. 紫薯洗净，上蒸锅蒸熟。
2. 将蒸熟的紫薯去皮，切成小块。
3. 将紫薯块连同母乳一起放入料理机中搅匀即成。

巧厨有妙招

母乳可以用配方奶或者鲜牛奶（要确定宝宝喝不过敏）代替。如果宝宝喜欢甜味，可以加入少许婴儿专用葡萄糖。

燕麦奶粥

适合7月龄宝宝

● 准备离乳餐材料

1. 进口麦片适量
2. 配方奶粉适量

● 爱心离乳餐巧制作

1. 锅内加入适量清水烧开，倒入小半碗淘洗干净的燕麦片，煮2～3分钟。
2. 婴儿专用碗用开水消毒，再放入婴儿配方奶粉，用温开水冲调好，然后倒入煮好的燕麦粥中。
3. 继续煮开，然后关火，盖上锅盖闷3分钟即成。

巧厨有妙招

因为是给小宝宝喝的，所以细腻柔滑好吞咽是第一要素。燕麦奶粥煮好后要盖上锅盖闷一会儿，使麦片更软，更适合本月龄只长了2~4颗牙的小宝宝吞咽。

菜花土豆米汤

适合7月龄宝宝

菜花，又名花椰菜、花菜、结球甘蓝等，含有丰富的维生素C，具有抗癌、抗氧化功效，营养价值与防病作用远远超过其他蔬菜，同时也属于高铁质的蔬菜，所以我在给宝宝的食谱中，经常会添加菜花。菜花的特殊香气，可能会让某些小月龄的宝宝不太喜欢，所以建议一点点逐步添加，最好在宝宝已经习惯或喜欢的米汤、土豆泥中添加。

- 准备离乳餐材料

① 大米 100 克
② 土豆 100 克
③ 菜花 10 克

巧厨有妙招

宝宝吃的菜花一定要去掉硬的部分，只剪取花苞使用。剪下花苞时注意不要剪散，按纹理剪成一朵朵的，易煮也易打泥，还不会把案板弄脏。

● 爱心离乳餐巧制作

❶ 大米泡 1 小时左右，然后连同少量泡米水一起放入杯中，用料理棒打碎。

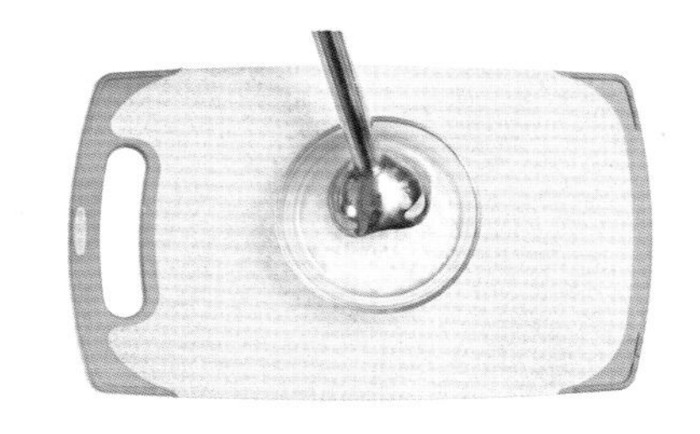

❷ 菜花洗净，用开水汆 3 分钟左右，连同少量温水一起放入杯中，用料理棒打碎。

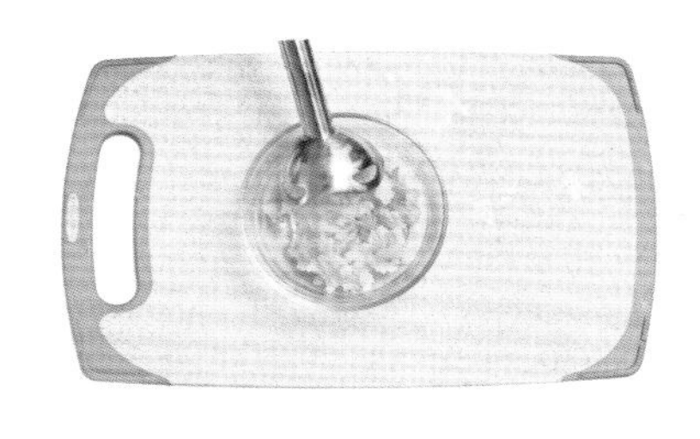

❸ 土豆去皮洗净，切块，煮熟或蒸熟后放入杯中，用料理棒打成泥。

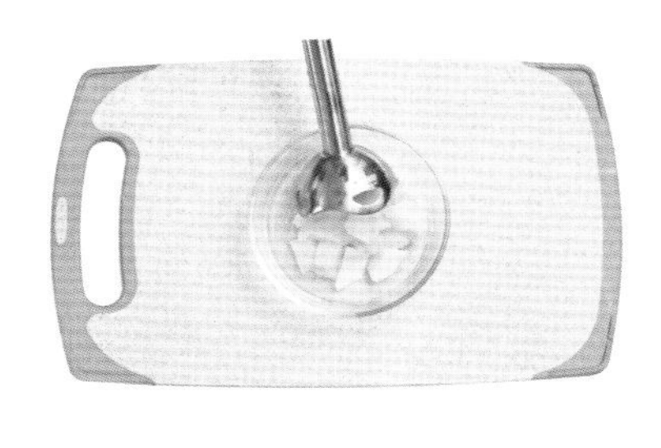

❹ 将处理过的大米、菜花、土豆一并放入锅内，边搅拌边大火熬煮。

❺ 烧开后调为小火，边煮边用勺子搅拌，至成均匀的糊状即可。

双瓜小米粥

适合7月龄宝宝

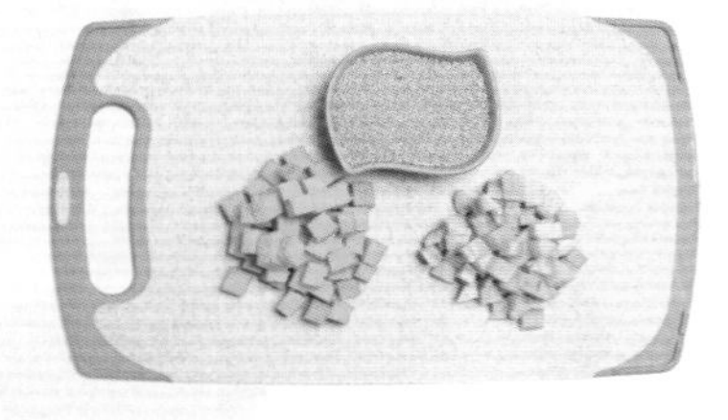

● 准备离乳餐材料

1. 小米50克
2. 南瓜1小块
3. 黄瓜1小段

营养加分

宝宝吃南瓜小米粥一段时间后，没有出现过敏反应，就可以试着加入其他新的材料了。新材料的添加，可不单单是加入了营养成分，还可以因为口感的改善让宝宝对离乳餐更感兴趣。记得前两次添加一定要少量，并观察宝宝有无不适。

● 爱心离乳餐巧制作

❶ 小米淘洗干净，倒入烧开的水中煮20分钟左右。

❷ 南瓜洗净，去皮和瓤，切成小丁，上蒸锅蒸10～15分钟至熟，用汤匙研成泥。

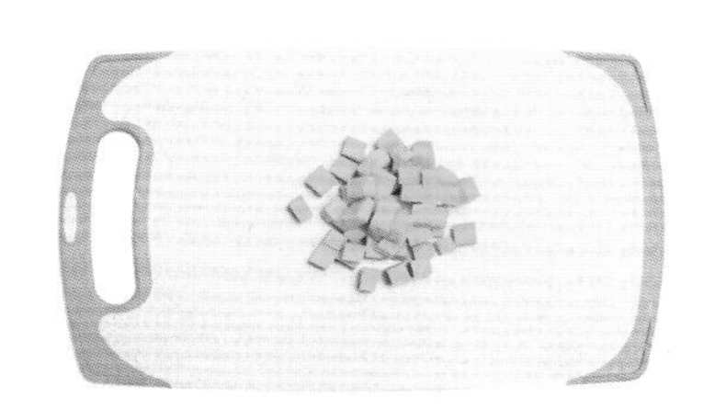

❸ 黄瓜洗净，去皮和瓤，切成小丁，在热水中汆2～3分钟，捞出研成泥糊状。

❹ 将南瓜泥和黄瓜泥一起放到小米粥中，边搅拌边大火熬煮。

❺ 煮开后改小火，继续煮7分钟左右，要边煮边用勺子搅拌。

8月龄宝宝新探索

• 牙齿新考验：泥状食品来了 •

宝贝档案

发育特点	体重增加500克，身高增加1.5厘米左右；没有支撑就可以坐得很好，有时还可以向前俯身抓东西；滚动更加灵活，会用肚皮推动自己移动；会用手扶着物体站立；更多地运用手指而不是手掌；会拍手笑；会有意识地亲镜子里的自己。
喂养与营养	奶量可以减至每日3～4次，一日奶量不少于500毫升即可，因为本月龄宝宝可食用足够的淀粉食品，如粥、面包、烂面条等。辅食可以代替两餐奶了。
注意事项	本月龄宝宝不论是否出牙，均应该给他吃些小饼干，训练咀嚼动作。如果宝宝不喜欢配方奶，可以喂清淡的普通鲜牛奶，喂前煮沸2～3分钟即可。食量大的宝宝，应适当控制糖分的摄入，蔬果可以多些，点心要少些。

肉泥、肉末的制作技巧

宝宝从8月龄开始，可以添加肉泥、肝泥、虾泥等泥状食品了，继续遵循从一种到多种、从少量到多量的循序渐进的原则。

肉泥：以鱼肉（巴沙鱼）为例，洗净后放在碗内，加料酒、姜拌匀去腥味，放入蒸锅蒸15分钟左右，冷却后将鱼肉用料理棒打成泥状，即成为鱼泥（注意：一般的鱼去掉大刺后还会留有不易被发现的小刺，建议大家选用海鱼，如巴沙鱼等，这类鱼刺少，不用担心宝宝被小刺扎到）。

鱼肉洗净，放碗内

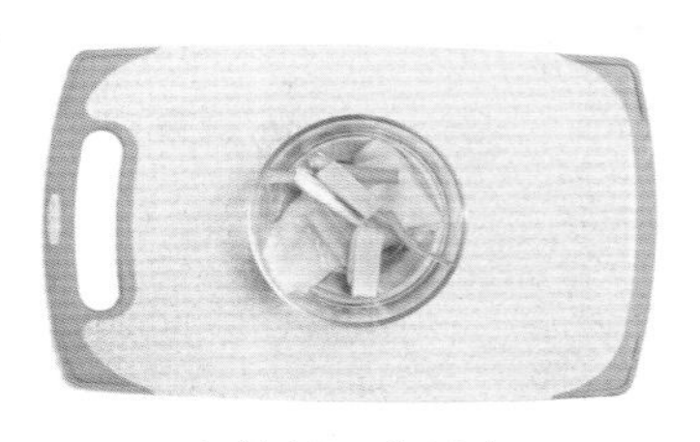

加料酒、姜调味

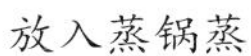

放入蒸锅蒸

蒸熟后冷却

用料理棒打成泥

肉末：将瘦肉洗净，去筋，切成小块后用刀剁碎（或用料理棒搅碎），加些淀粉、料酒拌匀，放在锅内蒸熟。

瘦肉去筋

切成小块

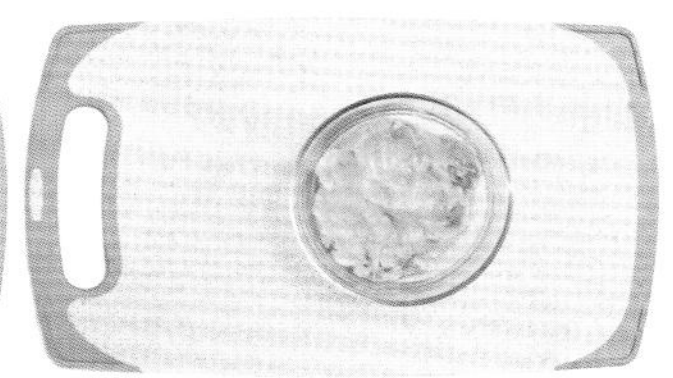

用料理棒搅打成泥

加淀粉

加料酒，拌匀

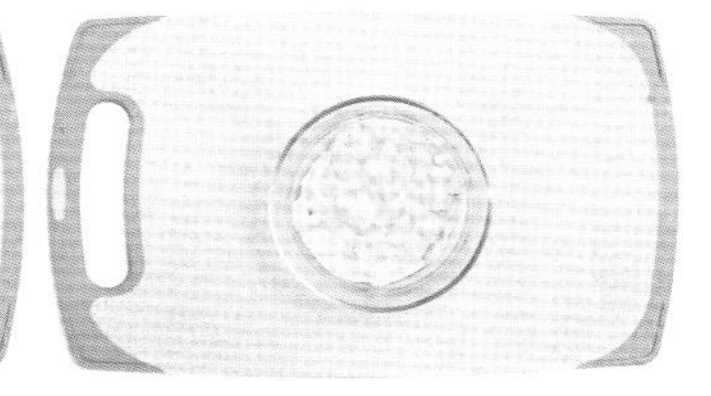

放入蒸锅中蒸熟

虾泥的制作技巧

虾泥：虾去头、剥壳、去虾线，洗净后放入料理机打成虾泥，蒸熟即食。如果宝宝大些了，也可以用刀把虾仁剁一剁，然后蒸熟。

【宝妈看过来】

虾泥最好和胡萝卜泥、菜花泥等搭配搅拌，不仅能让虾泥变得更细腻、味道更丰富，营养价值也更高！

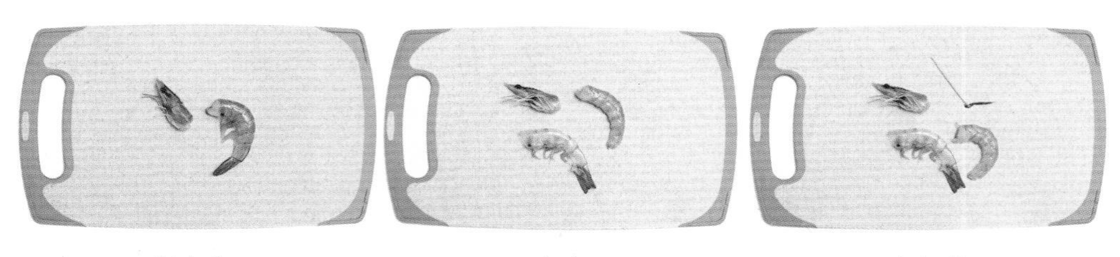

虾去头　　　　去壳　　　　去虾线

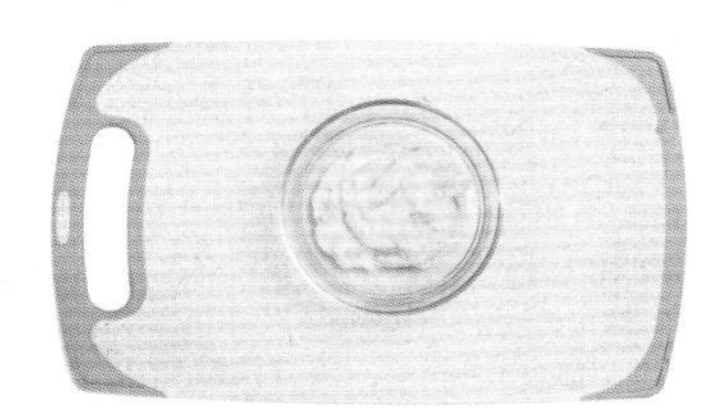

用料理机打成虾泥

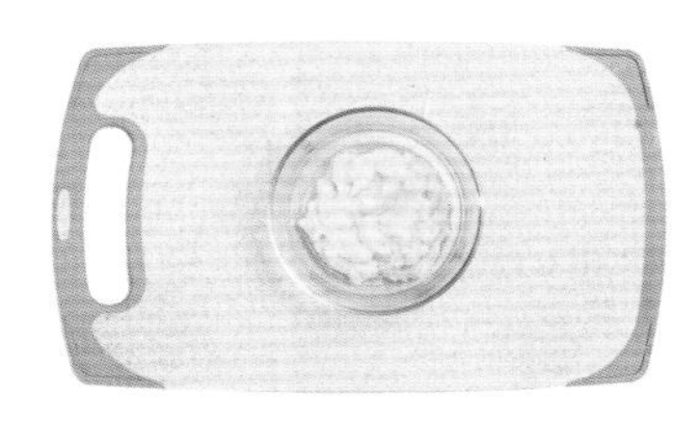

蒸熟

食用蔬果必不可少

有些妈妈可能发现，本月龄的宝宝开始便秘了。所以，蔬果的品种必须多样化了，尤其是便秘的宝宝，更应该适当多添加一些菠菜、圆白菜、萝卜等。水果同样必不可少，有些妈妈把苹果、水蜜桃切成薄片给宝宝吃，但一定要注意，别让宝宝卡住喉咙。

警惕！宝宝辅食的黑名单

8 个月大的宝宝，可以尝试的辅食越来越多了。有些家长会在辅食中加入糖、蜂蜜、盐等调味料，这可万万使不得。新妈妈一定要警惕宝宝辅食的黑名单。

黑名单 1	盐：增加肾脏负担。
黑名单 2	糖：造成龋齿或婴儿肥胖。
黑名单 3	蜂蜜：甜度高，不适宜 1 岁以内宝宝食用。
黑名单 4	坚果：容易造成噎呛。宝宝满 6 月龄后才可以吃打成泥的坚果。
黑名单 5	市售果汁：含糖量高，营养价值比不上水果，还会让宝宝厌恶白开水。对牙齿不利。
黑名单 6	菜水：煮过蔬菜的水中营养素很少，反而是有害的草酸等溶入了水中。

菠菜泥大米半碎粥

适合 8 月龄宝宝

● 准备离乳餐材料

1. 大米适量
2. 菠菜适量

● 爱心离乳餐巧制作

1. 大米淘洗干净，放入开水锅中烧开，然后改成小火煮至米粒开花。
2. 菠菜洗净，放入开水锅中氽一下，捞出稍晾后切碎。
3. 将菠菜碎连同大米一起放到料理机内粉碎即可。

巧厨有妙招

这道粥切勿打得太碎，因为这个阶段的宝宝已经有了初步的咀嚼能力，还是让小宝宝试试咀嚼的成就感吧！

蛋黄小白菜烂面条

适合8月龄宝宝

随着小牙齿的不断萌出，8个月大的宝宝已经可以添加以面食为主的食谱了。比如软软烂烂的小面条，既营养又顶饿，还有助于宝宝牙齿的发育，宝妈们快来给宝宝做起来吧！

营养加分

龙须面口感细腻易吞咽，特别适合作为宝宝的第一次面食尝试。小白菜营养价值高，富含维生素C、维生素E等，有解热除烦、通利肠胃的功效，再配上蛋黄液，绝对是一道健康营养又美味的营养餐。

巧厨有妙招

市售的儿童面条很多，但多数韧性太大很难煮烂。宝宝第一次尝试面食，我个人推荐用软软糯糯的龙须面来做，细腻易熟，入沸水煮1~2分钟即可。

● 准备离乳餐材料

① 龙须面 1 小把
② 小白菜 2 ～ 3 片
③ 鸡蛋 1 个
④ 儿童酱油适量
⑤ 香油适量

● 爱心离乳餐巧制作

① 小白菜洗净，切丝，入开水锅中汆 1 ～ 2 分钟。

② 鸡蛋去蛋清只留蛋黄，在小碗内打散。

③ 锅内放水烧开，放入龙须面，重新煮开后转小火，同时加入小白菜丝。

④ 大约 3 分钟后淋入蛋黄液。

⑤ 加入儿童酱油和香油，香喷喷的烂面条就可以出锅啦！

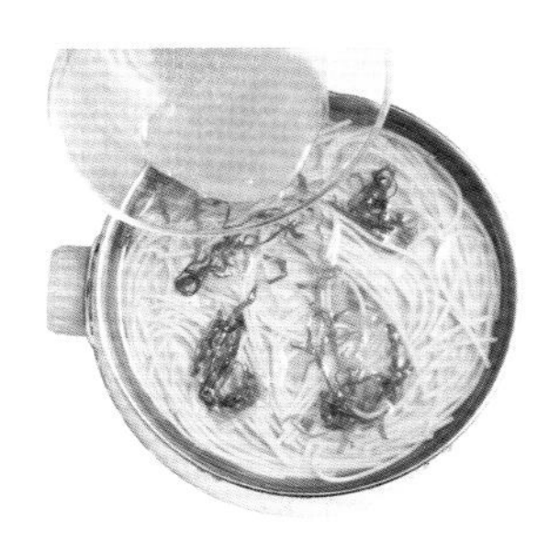

鸡肉松米布

适合 8 月龄宝宝

鲜奶米布是云南特产，是一款很受欢迎的营养甜品。现做的米布舀起来有种黏稠感，入口温润丝滑，还带有鲜奶加热后的独特奶香。给大点儿的小朋友吃可加入冰糖或砂糖，给未满 1 岁的宝宝吃可用肉松调味，口感都是棒棒的！

巧厨有妙招

如果没有料理机，可用研磨器或干脆用小擀面杖的一头将大米粥捣得碎碎的。一定要足够碎，口感才丝滑哟！

● 准备离乳餐材料

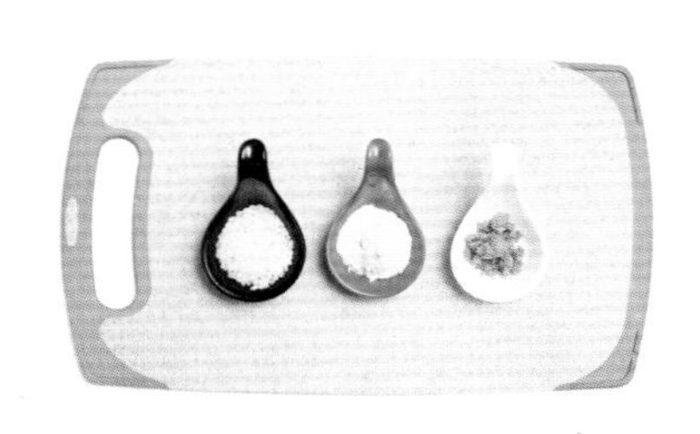

① 大米适量
② 配方奶粉适量
③ 鸡肉松适量
④ 开水适量

● 爱心离乳餐巧制作

① 大米淘洗干净，入开水锅中煮熟。

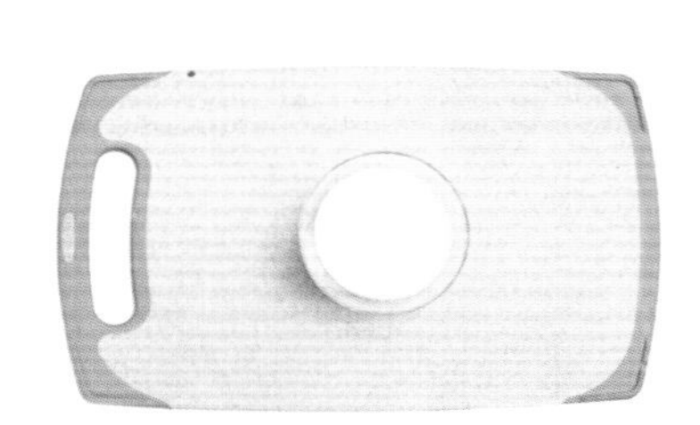

② 将适量的配方奶粉冲泡成奶液，随后倒入煮熟的大米粥中略煮一下。

③ 将混合奶的大米粥放入料理机中搅碎。

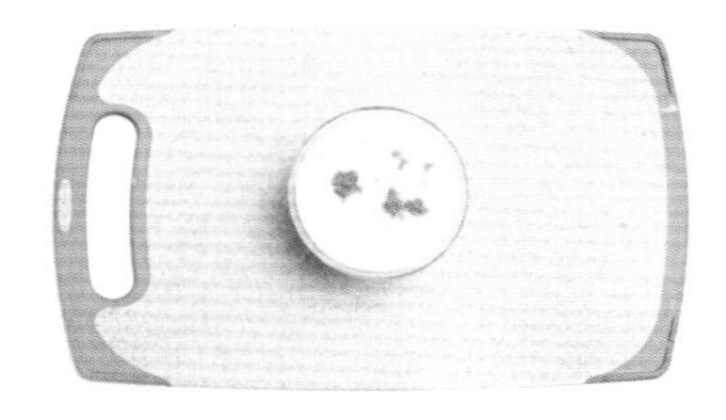

④ 出锅后放入鸡肉松即可。

鳕鱼大米粥米布

适合8月龄宝宝

鳕鱼味道甘美，含有丰富的蛋白质、钙、维生素A、维生素D等。更重要的是，鳕鱼的鱼肝油中的这些营养素的比例，正是人体每日所需要量的最佳比例，故北欧地区称鳕鱼为餐桌上的营养师，非常适合给小宝宝做辅食哦！

营养加分

鳕鱼具有高营养、低胆固醇、易于被人体吸收等优点，还含有宝宝发育所必需的多种氨基酸，其比值和宝宝的需要量非常相近，又容易被人体消化吸收，更难得的是刺还少。我给小外甥女笑笑加鱼泥、鱼肉时，鳕鱼的出现频率是最高的！

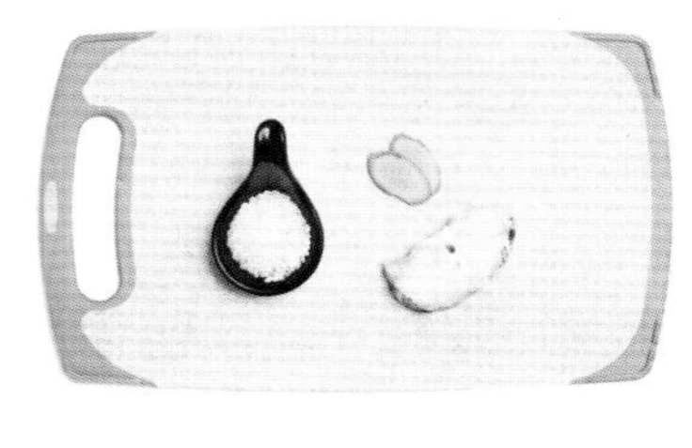

准备离乳餐材料

1. 大米适量
2. 鳕鱼适量
3. 儿童酱油少许
4. 生姜 2 片
5. 食用油少许

巧厨有妙招

如果宝宝喜欢，可以加入少许胡萝卜或西蓝花煮粥，用以点缀颜色和补充维生素，但量一定要少，以免影响米布细腻柔滑的口感。

爱心离乳餐巧制作

1. 大米洗净，放入开水锅中烧开，改成小火慢煮成粥。

2. 鳕鱼洗净，切成小块，放入儿童酱油腌一下。

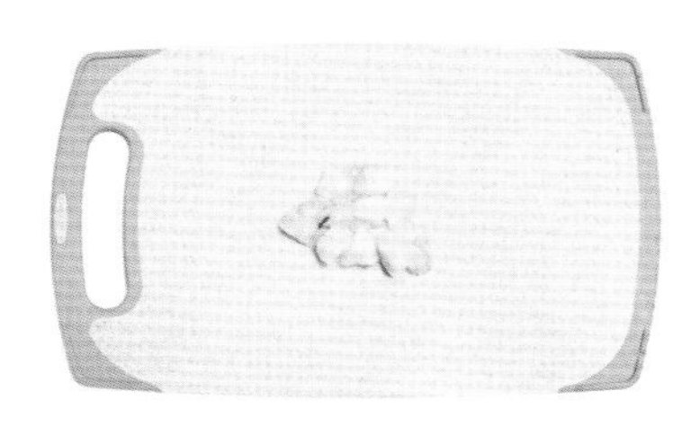

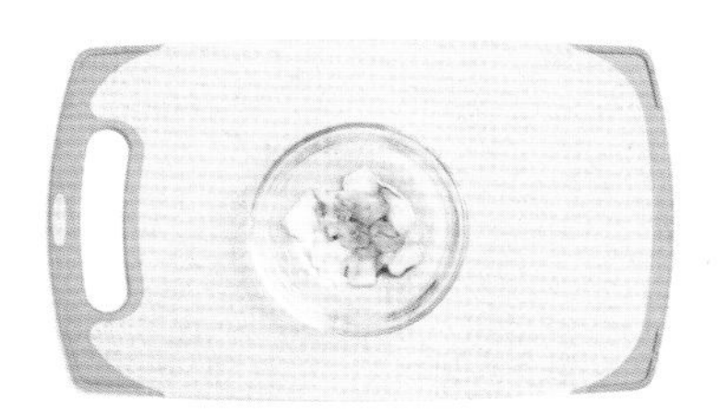

3. 平底锅内加入食用油烧热，放入生姜略煸，然后放入鳕鱼煎熟，取出后切碎。
4. 大米粥熬好后放入料理机中打碎即成大米粥米布，盛入碗中。
5. 把煎好的鳕鱼放到大米粥米布上即可。

蛋花面糊糊粥

适合8月龄宝宝

● 准备离乳餐材料

1 面粉适量
2 鸡蛋1个

● 爱心离乳餐巧制作

1 取一个碗，放入适量面粉和凉白开，搅拌成稀的面糊。
2 锅内烧开水，倒入调好的面糊，大火烧开，然后改成小火熬7～8分钟。
3 另取一碗，鸡蛋只取蛋黄，放入碗中打散。
4 将蛋黄液轻轻倒入锅内，用勺子搅匀即可。

营养加分

这款蛋黄面糊糊粥操作特别简单，营养价值也高，具有很好的清火功效，如果小宝宝有眼屎、大便干燥等，喝这个粥非常好。

番茄牛肉米汤

适合 8 月龄宝宝

● 准备离乳餐材料

1. 鲜番茄 1 个
2. 大米适量
3. 牛肉松适量

● 爱心离乳餐巧制作

1. 新鲜番茄洗净，用开水烫一下，然后去皮，切成小方块。
2. 大米洗净，放入开水中烧开，改成小火煮熟，煮大约 20 分钟。
3. 起油锅烧热，放入番茄炒熟，然后倒入米粥中熬 3 ～ 5 分钟。
4. 出锅后放入牛肉松即成。

巧厨有妙招

有人问炒番茄为什么不加盐，这是因为未满 1 岁的宝宝是不建议吃加盐食物的，另外这道汤中加了牛肉松，相当于调过味了。

芹菜土豆猪肉粥

适合8月龄宝宝

● 准备离乳餐材料

1. 芹菜 30 克
2. 土豆 80 克
3. 猪肉 50 克
4. 大米适量
5. 儿童酱油适量
6. 香油少许

营养加分

今日新添蔬菜——芹菜，可谓是厨房里的药材，芹菜的钙、磷含量都比较高，可以强健骨骼，预防小儿软骨病。

● 爱心离乳餐巧制作

❶ 芹菜择洗干净，取梗，切成小丁。

❷ 土豆洗净去皮，切成小丁；猪肉洗净切丁。

❸ 大米洗净，放入开水锅中，大火烧开后改成小火，放入土豆丁、芹菜丁和猪肉丁，慢慢熬 20 ～ 25 分钟至熟。

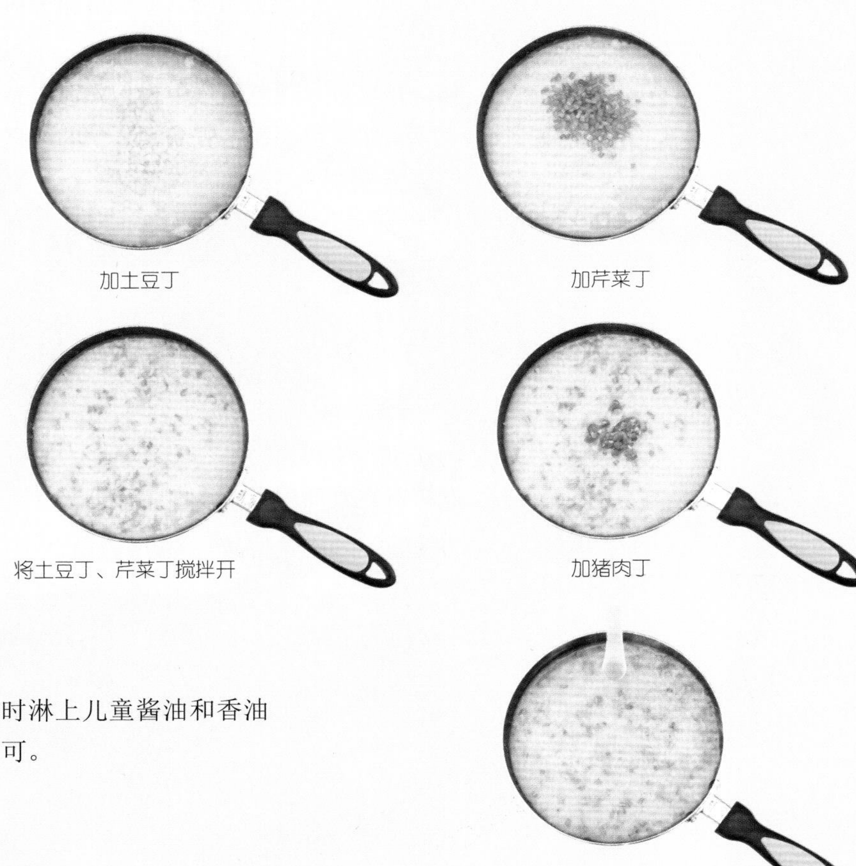

加土豆丁　加芹菜丁

将土豆丁、芹菜丁搅拌开　加猪肉丁

❹ 临出锅时淋上儿童酱油和香油提味即可。

菠菜糙米粥糊糊

适合8月龄宝宝

● 准备离乳餐材料

1. 糙米适量
2. 菠菜适量

巧厨有妙招

煮糙米一定要用电压力锅，或者是带压力的电饭煲，这样糙米才容易煮开花。

● 爱心离乳餐巧制作

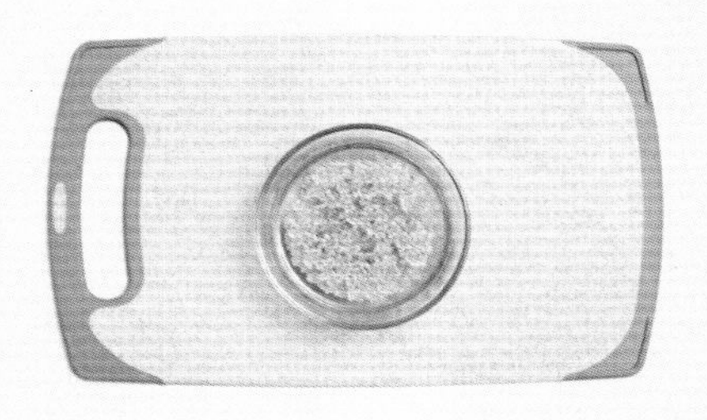

① 糙米洗净，浸泡1～2个小时。

② 将糙米放入锅中煮熟。

③ 菠菜洗净，用开水汆一下，切成碎末，然后放入煮熟的糙米中闷2～3分钟即可。

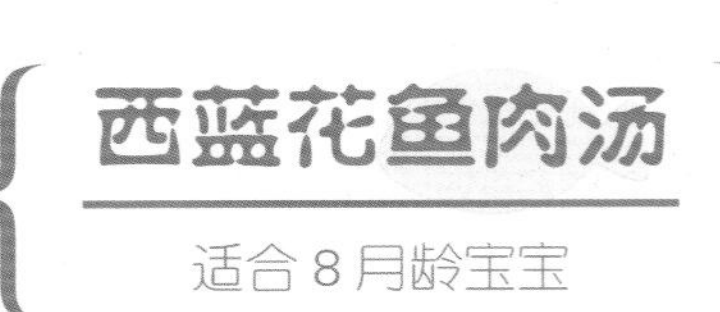

西蓝花鱼肉汤

适合8月龄宝宝

鱼汤味道鲜美，含有少量的可溶性蛋白质，还有钾元素和可溶性的B族维生素等，非常容易被小宝宝吸收利用。我这次选择的是肉质细嫩、鱼刺非常少的巴沙鱼，搭配上蛋液和西蓝花，营养、味道、色泽都极佳。

营养加分

巴沙鱼刺少、口感好，只是多从越南进口，外面有一层不确定成分的保水剂，故建议给宝宝的鱼肉还是以鳕鱼或三文鱼为主，巴沙鱼偶尔尝尝即可。

巧厨有妙招

注意一定要选择刺少的鱼，并将鱼刺去除干净，确保宝宝安全。

准备离乳餐材料

1. 西蓝花 60 克
2. 巴沙鱼 100 克
3. 鸡蛋 1 个
4. 儿童酱油适量
5. 香油少许
6. 生姜 2 片
7. 淀粉少许

爱心离乳餐巧制作

1. 西蓝花洗净，切成小块。

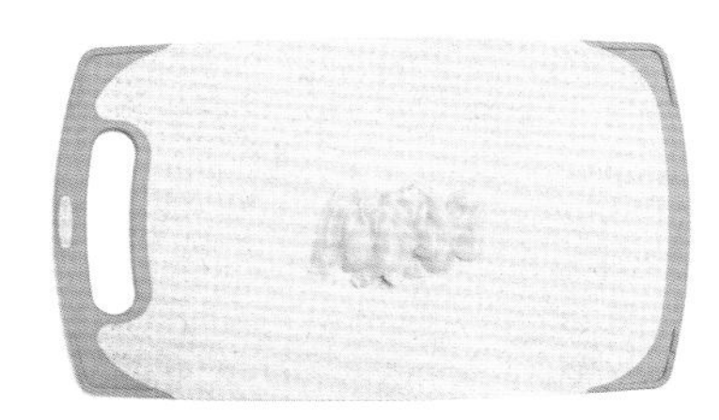

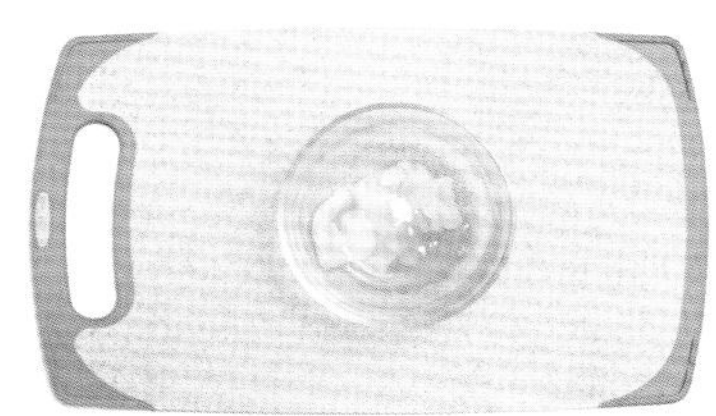

2. 巴沙鱼洗净，切成小片，然后加入淀粉和鸡蛋液腌一下。

3. 锅内倒入清水烧开，放入生姜片、鱼片和西蓝花。

4. 煮开后倒入剩余的鸡蛋液，淋上儿童酱油和香油即成。

特别专题第四辑

——辣妈同步营养瘦身规划（3）

减肥奶昔近几年非常火，其实原理就是用奶昔代替正餐，通过减少热量的摄入从而消耗脂肪，达到瘦身的目的。其实无须花数千元求助于市售的减肥奶昔，宝妈们在家也可以自己动手做奶昔，口感更好，且不必担心所用食材的安全问题。

上海青苹果奶昔

上海青也叫青江菜、小棠菜，是一种小白菜。上海青中含有丰富的钙质和 β-胡萝卜素，可以有效改善宝妈减肥期间易出现的贫血症状，而且热量很低。

● 准备瘦身餐材料

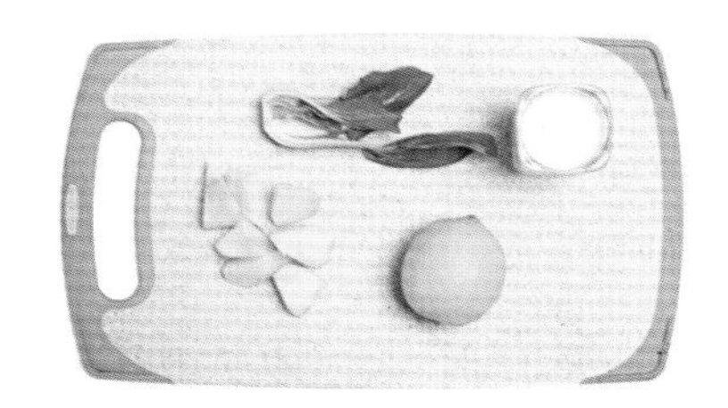

1. 上海青 1/2 棵
2. 苹果 1 个
3. 原味酸奶 1 盒
4. 柠檬汁适量

● 辣妈瘦身餐巧制作

1. 上海青洗净，切成 3 厘米长的段。

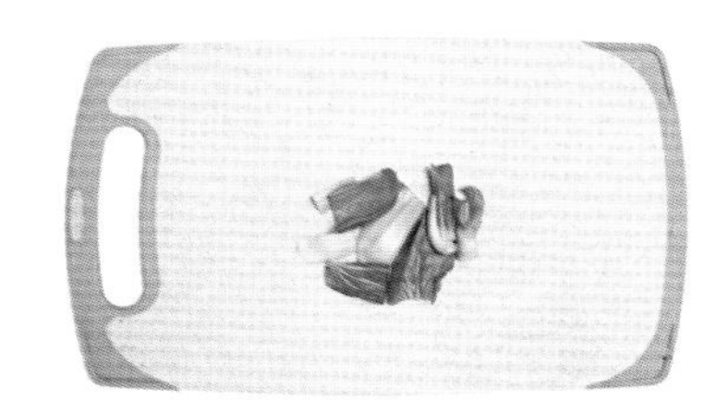

2. 苹果洗净，去核后切成块。

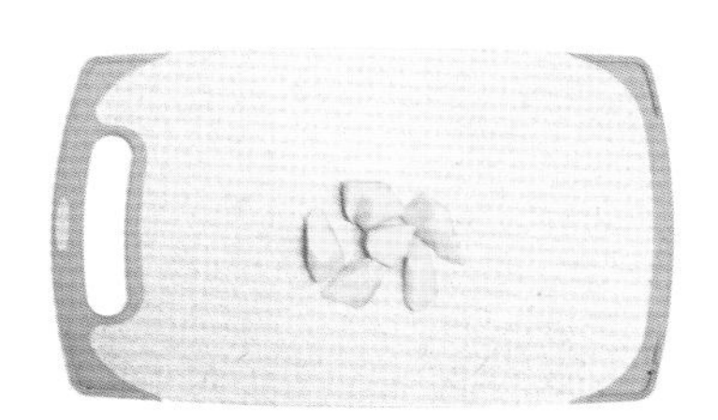

3. 将上海青、苹果块连同原味酸奶和柠檬汁一起放入榨汁机中，打碎榨汁即成。

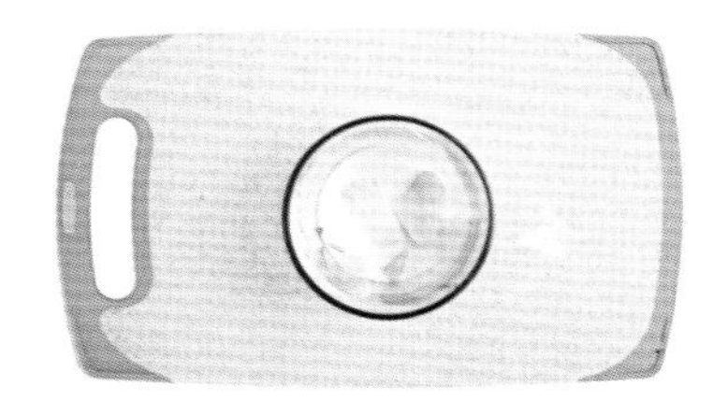

黄金芒果奶昔

瘦身餐多多少少有点让人难以下咽，这是很多减肥者无法坚持下来的重要原因。那么我要放大招了——黄金芒果奶昔！这是一款会令人上瘾的奶昔，我曾经忍不住一天喝了三杯，体重反而有增长的趋势。所以，请记得再好喝也要控制住量，一天不可超过两杯。

● 准备瘦身餐材料

① 黄金地瓜 100 克
② 完全成熟的芒果 40 克
③ 香蕉 30 克
④ 鲜牛奶 1 杯

备注：黄金地瓜是一种黄皮黄心的地瓜。

● 辣妈瘦身餐巧制作

① 黄金地瓜洗净，去皮切成小块。

② 芒果洗净，去皮、核，将果肉切成小块。

③ 香蕉去皮，切块。

④ 将地瓜块、芒果块、香蕉块和鲜牛奶一起放入榨汁机中打碎成汁即可。

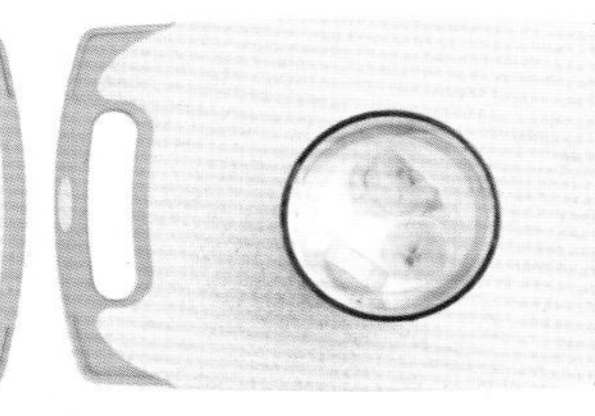
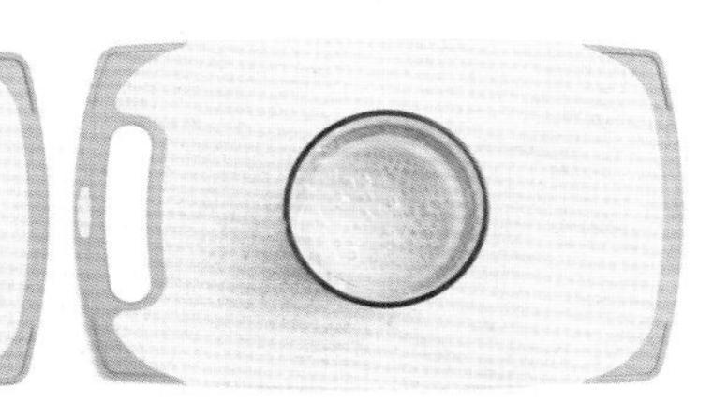

第五章

细嚼期
（9 ～ 10 月龄）

小牙齿快快长

小嘴巴嚼一嚼

随着小牙齿的不断萌出，宝宝开始学着用牙龈或牙齿去咀嚼食物了，这一时期称为细嚼期。此时需要及时给宝宝吃软化的半固体食物，以促进宝宝咀嚼功能的发育，也有利于颌骨发育和乳牙萌出。但注意离乳餐要从软糊状慢慢转硬，切勿因想要锻炼宝宝的咀嚼功能而操之过急，损害了宝宝的口腔和未发育好的乳牙。

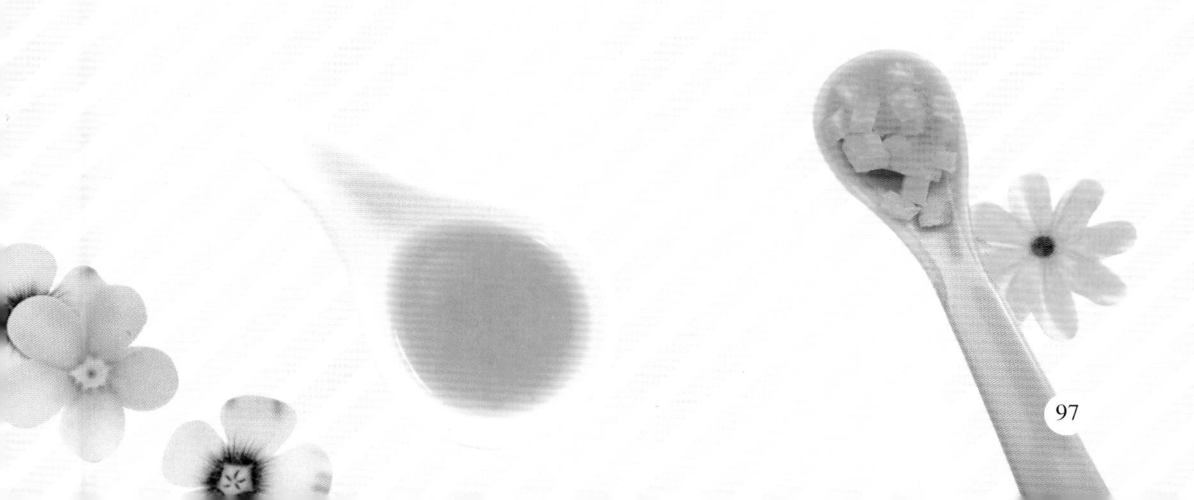

9月龄宝宝新探索

• 小嘴来做操 •

宝贝档案

发育特点	体重增加400克，身高增加1.3厘米左右。爬行能力更强，手指越来越灵活，可以把纸撕碎放进嘴里；期待喜欢他的人的关心，会撒娇，会主动亲妈妈；能听懂大人的一些话，并执行简单指令，比如把某物品拿来；懂得用摇头或摆手表达“不”。
喂养与营养	保证一天奶量不低于500毫升的基础上继续添加辅食。主食除了粥、面条外，可以尝试加入稍软些的米饭了。不要喂果汁，可以直接将水果切成薄片给宝宝吃。对经常便秘的宝宝，要多喂菠菜、胡萝卜等含纤维素多的食物。
注意事项	本月龄母乳喂养的妈妈，白天尽量减少喂母乳次数，避免宝宝老喜欢钻在妈妈怀里吃奶，影响辅食的添加，而引起营养不良。有些宝宝本月龄可能出现偏食，妈妈应在烹调上下点功夫，尽量让宝宝接受全面的营养。

9月龄宝宝辅食的添加

9月龄的离乳餐，除了让宝宝继续熟悉各种食物的新味道和口感外，还应逐渐改变食物的质感和颗粒大小，逐渐从泥糊状食物向颗粒状、半固体食物过渡。此时的离乳餐，可以逐渐取代一顿奶而成为独立的一餐了！本月龄可以添加的辅食有：

谷　类	米粥（大米、小米、玉米糊等）、烂面条、软面包、馒头、杂粮粥。
蔬　菜	青菜、白菜、萝卜、豆腐、番茄。
水　果	苹果、牛油果、香蕉、西瓜、火龙果。
肉　类	虾肉、鸡肉、鱼肉、猪肉等。

9月龄宝宝一日进餐时间表

主要食物：母乳或配方奶

辅助食物：白开水、水果、菜泥、蒸全蛋、磨牙食物、稠粥、烂面条、儿童软面包

主要餐次：母乳或配方奶2～3次，辅食3次

不喂汤泡饭

有人喜欢用肉汤和菜汤给宝宝泡饭，操作简单，宝宝爱吃，吃起来还很快。但是儿科专家告诉你：尽量不要喂宝宝吃汤泡饭，原因如下：

1. 容易产生饱胀感：米饭或面食浸泡后会膨胀很多，宝宝吃后很快就会有饱胀感，其实并不是真正饱了，时间久了，宝宝食量会下降，不利于其成长。

2. 宝宝的咀嚼能力得不到充分锻炼：咀嚼是长牙期宝宝必须掌握的本领，可以有效促进牙齿和面部的良好发育，对局部的血液循环也是有百利而无一害的。汤泡饭吞咽起来非常容易，因此不能很好地锻炼宝宝的咀嚼能力。

3. 影响宝宝的食欲：汤泡饭不仅会让宝宝的咀嚼动作大大减少，同时还会减少口腔、胃、胰、肝、胆等分泌唾液、消化液。于是，没有经过牙齿充分咀嚼的食物会整粒进入到消化道，加重消化系统的负担。时间久了，宝宝的食欲就会慢慢减退，严重的还会导致胃病。

关于挑食、厌食、积食

挑食：也称偏食，是指宝宝有选择性地吃某些食物，只吃自己喜欢的食物，不喜欢的就不吃。长期偏食不利于宝宝身体的均衡发育。

厌食：指宝宝食欲差，不想吃饭，多与宝宝的饮食习惯有关。

积食：指宝宝所吃的食物不能被消化而堆积在消化道里，常表现为腹胀、大便酸臭、口臭等。

为什么添加辅食后宝宝反而瘦了?

0～6月龄是宝宝的猛长期，基本上一个月就可以长1～1.5千克。但是6月龄之后，宝宝的增长速度会逐渐减缓，尤其是体重增长不再那么明显。所以，宝宝看起来变瘦了不一定是加辅食的问题，而是宝宝成长的自然现象。随着月龄的增长，宝宝身高在长，活动量增大，体重增长相对来说会变得缓慢。只要宝宝的生长曲线与“标准体重”大致平衡，精神好，没生病，就可以认为是正常现象。

青菜碎虾肉汤

适合9月龄宝宝

准备离乳餐材料

1. 大米 100 克
2. 青菜适量
3. 鲜虾 3 ～ 5 个
4. 姜片 4 片
5. 儿童酱油适量
6. 香油数滴

爱心离乳餐巧制作

1. 鲜虾去头、壳、虾线，清洗干净，切成小块。
2. 青菜洗净，切成碎末。
3. 大米淘洗干净，放入开水锅大火煮开，改小火熬煮。
4. 大米汤煮 15 分钟后加入姜片、虾肉，继续熬煮 7 分钟，然后加入青菜末再煮 1 ～ 2 分钟，最后淋上儿童酱油和香油提味即可出锅。

巧厨有妙招

青菜可以根据宝宝的喜好或者季节选择，如菠菜、白菜、油菜等均可。

鱼肉薯泥糕

适合9月龄宝宝

进入9月龄了，给宝宝做可爱的“球球”吃吧。

营养加分

所有的鱼类都富含蛋白质和DHA，如果选用其他鱼来做这道菜，一定记得要把鱼刺去除干净。

巧厨有妙招

蒸鱼一定要用热水蒸，因为鱼肉在突遇高温时，外部组织凝固，会锁住内部的鲜汁，使味道更鲜美。蒸鱼时间根据鱼的大小而定，可以用筷子戳一下鱼肉，如果很容易戳破就证明鱼肉熟了。

● 准备离乳餐材料

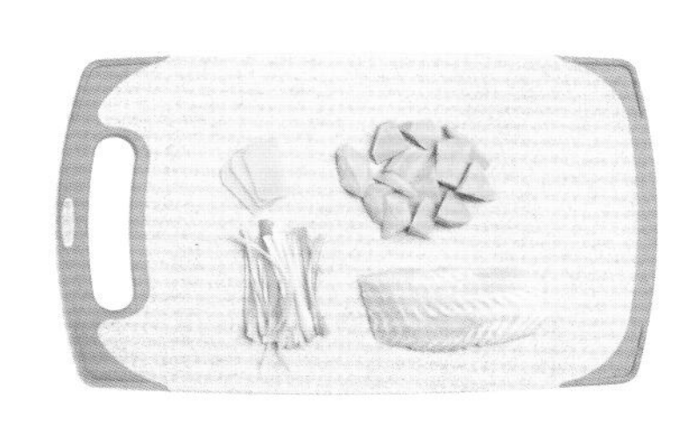

1. 龙利鱼 100 克（其他鱼也可以）
2. 红薯 100 克
3. 生姜 3 片
4. 鸡油少许
5. 儿童酱油适量
6. 大葱丝适量

● 爱心离乳餐巧制作

1. 龙利鱼洗净，准备好鱼盘，按底部大葱丝、中间鱼、顶部生姜片的顺序叠放在鱼盘中，淋上儿童酱油和鸡油。

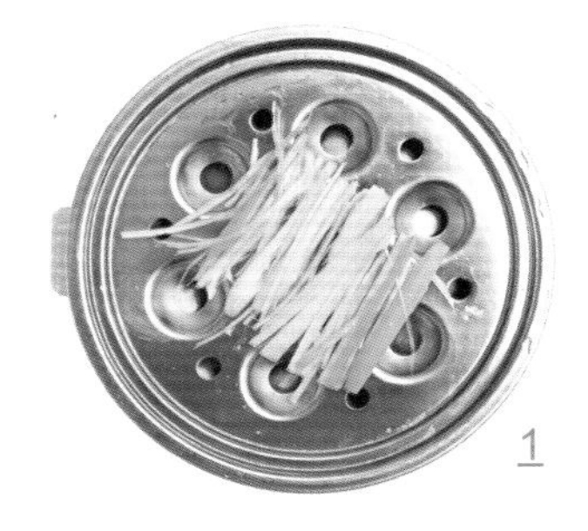

1

2

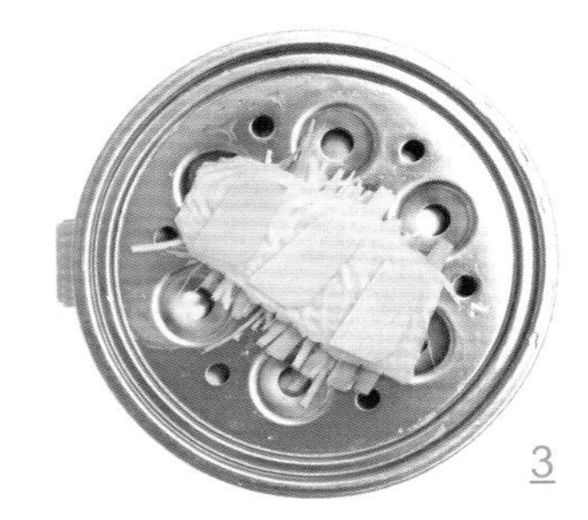

3

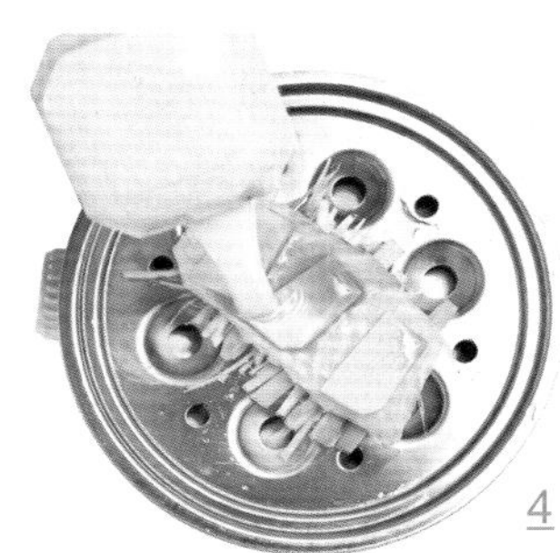

4

2. 蒸锅内放水烧开，然后放入鱼盘，蒸 8 分钟后取出。
3. 红薯洗净，放入蒸锅蒸熟后去皮。

4. 将鱼肉和红薯一同放入盆中，捣碎。
5. 将鱼肉和红薯泥团成球即可。也可以用模型做出好看的形状。

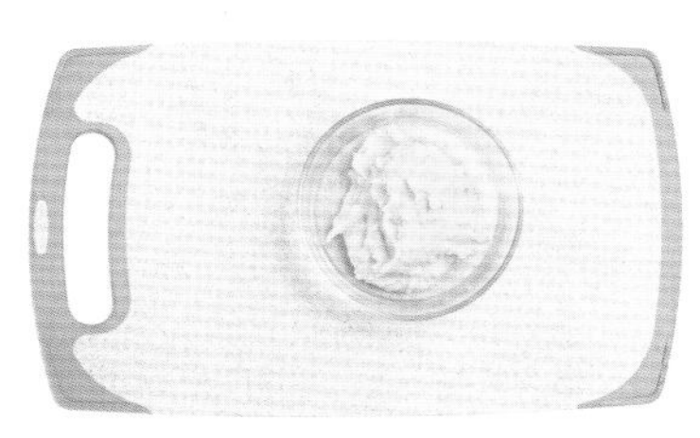

翡翠虾肉

适合 9 月龄宝宝

- 准备离乳餐材料

① 大米 100 克
② 西蓝花 50 克
③ 大虾 3 ～ 5 只
④ 儿童酱油适量
⑤ 香油少许

● 爱心离乳餐巧制作

❶ 大米淘洗干净，放入开水锅大火煮开，改成小火慢慢熬煮 20 多分钟。

❷ 大虾去头、壳、虾线，清洗干净，切成小丁。

❸ 西蓝花洗净，掰成小朵。

❹ 将虾丁、西蓝花一起放入熬成黏稠状的大米粥中，淋上儿童酱油和香油调味即可。

巧厨有妙招

用剪刀去虾线：先用剪刀从下往上慢慢剪虾头，注意不可一刀剪断，剪到 2/3 处感觉差不多到虾线位置了，用剪刀轻轻向外一扯就扯出虾线了。如果虾尾还有一小截虾线断在虾里面，用同样的方法去掉即可。

番茄丝瓜鲜虾粥

适合 9 月龄宝宝

宝宝最近的胃口是不是有点差？试试酸酸甜甜的番茄吧，可以帮助宝宝开胃和补充营养，而且可以提高宝宝的免疫力。加上通络活血的丝瓜和高蛋白的鲜虾，味道和营养都很棒！

营养加分

番茄和丝瓜的搭配是不是很多妈妈都没有想到过？二者相搭从色泽上就足以勾起宝宝的食欲，且富含维生素 C 可以提高宝宝的免疫力，再加上高蛋白的虾仁，美味又营养。

巧厨有妙招

给小宝宝吃的番茄要去皮哟！熟透的番茄很容易就可以剥去皮，如果皮不好剥，可以洗净后用开水在顶部浇烫一下，就很容易剥皮了。

准备离乳餐材料

① 大米 100 克
② 番茄 100 克
③ 丝瓜 50 克
④ 大虾 3 只
⑤ 儿童酱油适量
⑥ 香油适量

爱心离乳餐巧制作

① 大米淘洗干净，放入开水锅大火煮开，改成小火熬煮约 15 分钟。
② 大虾去头、壳、虾线，清洗干净，切成小丁。

③ 丝瓜洗净，去皮和瓤，切成小丁。
④ 番茄洗净，切成小方块。

⑤ 将番茄块、丝瓜丁一起放入大米粥中，继续熬至粥变得黏稠。
⑥ 加入切碎的虾肉丁，继续煮 2 ～ 3 分钟，淋上儿童酱油和香油即可。

彩椒鸡丝面

适合9月龄宝宝

• 准备离乳餐材料

1. 彩椒 20 克
2. 鸡胸肉 50 克
3. 儿童挂面适量
4. 儿童酱油少许

• 爱心离乳餐巧制作

1. 彩椒、鸡胸肉分别洗净，切成丝。
2. 用小锅将儿童挂面煮熟，盛入碗中，并倒入少许面汤。
3. 锅内放入少许油烧热，加入彩椒丝炒香，倒入鸡肉丝一起炒，炒至鸡肉丝变白后加入儿童酱油继续翻炒，然后加入少许清水烧开。
4. 把炒好的彩椒丝和鸡肉丝放到面上即可。

菠菜猪肉大米羹

适合9月龄宝宝

营养加分

菠菜和猪肉搭配，在口感上非常棒，除了做粥外，还可以做饺子、馄饨馅等。在营养配比上，菠菜含铁丰富，而瘦猪肉含有丰富的蛋白质，两者可互补。

● 准备离乳餐材料

1. 大米 100 克
2. 瘦猪肉 39 克
3. 菠菜 50 克
4. 儿童酱油适量
5. 香油少许

● 爱心离乳餐巧制作

1. 大米淘洗干净，放入开水锅大火煮开，改成小火熬煮约 15 分钟。
2. 猪肉洗净，切成小丁。
3. 菠菜洗净，放入沸水中汆 2～3 分钟，捞出切碎备用。
4. 将猪肉丁加入大米粥中继续熬煮，待煮至黏稠后加入菠菜碎拌匀，淋上儿童酱油和香油调味即成。

香甜水果羹

适合 9 月龄宝宝

宝宝满 9 月龄时，应该尝试过很多水果了，只要大人吃，已经长了 6 ～ 8 颗牙的宝宝就会用手拿，上牙咬。大多数宝宝很少对水果过敏，那么是时候给宝宝做一份五彩斑斓的香甜水果羹了。我选择的材料刚好是手边有的，大家可以根据季节和宝宝的喜好随意进行调整。

营养加分

国内有些营养师建议宝宝 1 岁以内不要喝鲜奶和酸奶，但欧洲大多数国家建议宝宝 6 月龄以后就可以喝酸奶。根据中国宝宝体质，我个人建议 8 月龄以上的宝宝可以适当喝些酸奶。酸奶是用质量好的鲜奶发酵而成的，不仅是钙的良好来源，同时经过发酵后产生的乳酸，可有效促进钙、磷被人体所吸收。

准备离乳餐材料

1. 香蕉半根
2. 橘子半个
3. 火龙果 1/3 个
4. 苹果 1/2 个
5. 酸奶 1 杯

爱心离乳餐巧制作

1. 香蕉、火龙果、橘子剥皮，然后用刀切成小块。

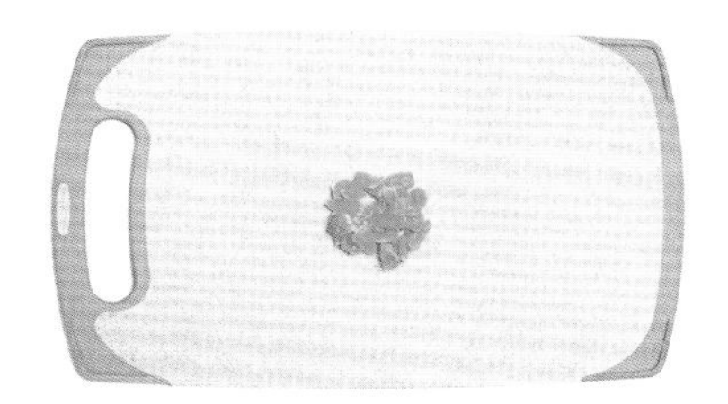

2. 苹果洗净，去皮、核，切成小块，用开水煮 2 ～ 3 分钟。

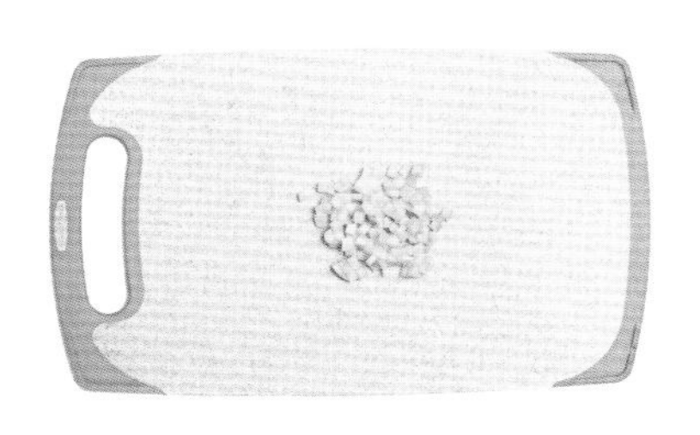

3. 将所有材料都放在碗中，倒入酸奶搅拌均匀即可。

巧厨有妙招

如果是在冬天或天气寒冷的深秋、早春食用，建议把所有材料都彻底煮熟；如果是在夏天或者气温比较温暖时食用，直接凉拌就可以。

10月龄宝宝新探索

• 自己用勺吃饭香 •

宝贝档案

发育特点　体重增加 300 克，身高增加 1.3 厘米左右。爬的技能越来越熟练，可用手臂和双膝协调灵活地爬行；当着宝宝面将玩具藏起来，他会把盒子、被子翻转过来找；可以指出鼻、嘴、眼等身体部位；会配合穿衣服，比如穿鞋时伸脚。

喂养与营养　可以每天给宝宝吃 2 ～ 3 次软饭或米粥了，但仍需要保证每天不少于 500 毫升的奶量。主食可以米、面搭配，花样尽量多些，让婴儿膳食多样化，营养丰富，还可提高宝宝食欲。

注意事项　由于母乳量不足、工作繁忙等原因计划断奶的妈妈，可以先断白天的奶，避免让宝宝养成"叼奶头"的习惯，可以用拥抱、玩具等安抚宝宝，辅食设计精巧、美味一些，为自然离乳做准备。

宝宝自己吃饭的准备工作

妈妈的准备	宝宝的准备
1. 环境准备：在餐桌旁给宝宝准备一个固定进餐位置，或者在餐桌旁边放好宝宝的小桌椅，营造和大人一起进餐的良好就餐环境。 2. 餐具准备：给小宝宝准备一套可爱的宝宝专用餐具。 3. 心理准备：宝宝学习自己吃饭是一个漫长的过程，妈妈一定要有耐心，千万不能因为食物撒出来而责备宝宝，让宝宝产生挫败感。	1. 手眼协调力：手握勺子或筷子，离不开眼睛的视觉定位，学习舀起食物送到嘴边，是锻炼宝宝手眼协调力的重要过程。 2. 手部肌肉训练：小手足够灵活是吃饭的必备条件，吃东西还涉及肩部、胳膊、关节、大脑等多器官的运动，均需具备相应的能力。 3. 心理准备：练习过程中，宝宝因为灵活性不够而发脾气或放弃时，妈妈要温柔地鼓励，并陪伴他多加练习。

宝宝开始偏食啦

一般来讲，宝宝的味觉越灵敏，偏食就越明显。9～10个月大的宝宝，对食物的好恶日趋明显。为了让宝宝吃他不爱吃但又有营养的食物，妈妈可以这样做。

●混到爱吃的食物中：把食物弄碎了放在粥里，或者做成薄饼、小馄饨、饺子等。

●食物互换法：如果宝宝不爱吃菠菜、胡萝卜，可以用小油菜、番茄等代替；动物性食物中，如果宝宝不爱吃的在鸡蛋、鱼肉、猪肉、牛肉等食物中不超过两种，就不会导致营养失衡。

●耐心是王道：对于宝宝偏食，妈妈不要急于求成，要在烹调上下功夫，通过颜色、造型、味道吸引宝宝，让其乐于接受。

10月龄宝宝可以多吃饭啦

本月龄宝宝的饮食，可以逐渐过渡到以饭为主、以奶为辅了。

每日三餐：7：30、12：00、17：00给宝宝吃饭。可以是软米饭、软面条、小馄饨、鸡蛋饼、稠粥等。

两点：在上午、下午和晚餐2小时后可以给宝宝添加水果。

早晚喝奶：早上起床后（7：00左右）和晚上睡觉前（21：30左右）给宝宝喝奶。

帮宝宝学会使用勺子

这个月龄的宝宝，开始抢妈妈手中的勺子，甚至杯、碗了，这是成长的必然。每个宝宝都要脱离母乳或奶瓶，过渡到自己用碗、勺吃饭的过程，这个过渡过程的长短完全取决于父母给予宝宝练习机会的多少。宝宝在练习使用勺子的过程中，通常会有如下表现：

宝宝的表现	宝宝的心里话
喂饭时，去抢夺妈妈手中的勺子	我先自己吃饭饭
宝宝很费劲地舀食物往嘴里送但送不到嘴边	我在努力学习，请支持我
勺子不往嘴里送，只在饭菜中瞎搅和	为什么我不能舀饭菜到嘴里
手持勺子边吃边玩	用勺子吃饭太累了，我烦了

巧厨有妙招

给宝宝做的馄饨，第一味道不要太咸太浓，放点儿童酱油即可，其他调料都不用放；第二馄饨个头不要太大，方便宝宝咬着吃。

儿童小馄饨

适合 10 月龄宝宝

10 个月大的宝宝，可以尝试吃带馅的食物了，小馄饨是我给笑笑准备的 10 月龄整的礼物，小家伙一吃就喜欢上了。在后来的日子，笑笑还喜欢上了饺子。直到现在，笑笑只要见到我，就嚷着要吃馄饨、饺子。

● 准备离乳餐材料

1. 荠菜 200 克
2. 猪肉馅 200 克
3. 玉米 50 克
4. 鸡蛋 2 个
5. 儿童酱油适量
6. 馄饨皮适量

● 爱心离乳餐巧制作

1. 荠菜去掉根部，清洗干净，然后用开水烫软，晾温后切碎。

营养加分

荠菜被很多人认为是野菜中味道最鲜美的，因为它富含蛋白质，含有 11 种氨基酸，还富含钙和维生素 C，所以我给笑笑做馄饨、饺子时最爱选荠菜。当然，如果你家宝宝不喜欢荠菜的味道，也可以用白菜、油菜等代替。

② 鸡蛋磕入碗中，打散备用。

③ 猪肉馅放进盆里，加入儿童酱油，顺着一个方向打匀，然后加入鸡蛋液、玉米粒和切碎的荠菜拌匀，馄饨馅就准备好了。

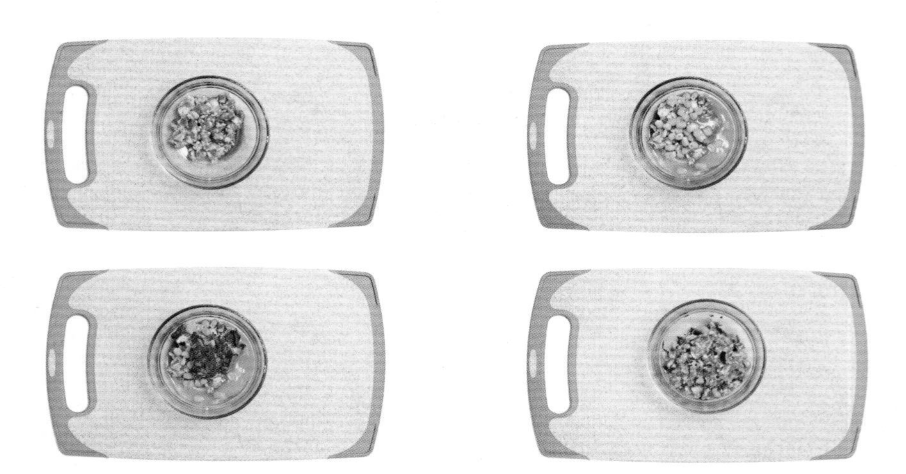

④ 取一张馄饨皮，放入馄饨馅后卷起，再对折压紧即可。用相同方法包好所有馄饨。

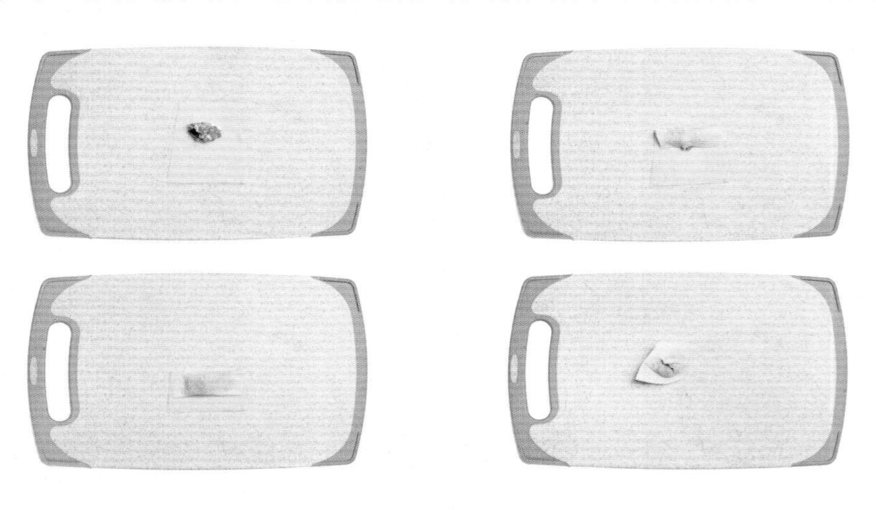

⑤ 锅内倒入清水烧开，放入馄饨，盖上锅盖，中火煮开，再加小半碗水，盖上锅盖再次煮开，盛入碗中即可。

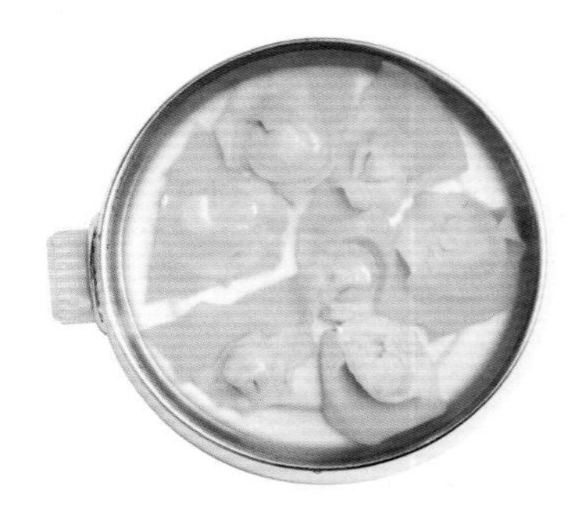

手抓软米饭

适合10月龄宝宝

宝宝的小手是不是越来越灵活了？尤其是上了餐桌后，小手恨不得抓进碗里。试试做手抓软饭吧，让宝宝一次抓个够。这个饭让宝宝很开心，不过妈妈们收拾时可能有点麻烦哟！

● 准备离乳餐材料

1. 大米适量
2. 糯米与大米等量

● 爱心离乳餐巧制作

1. 大米、糯米淘洗干净。加清水浸泡1个小时。
2. 将浸泡好的大米、糯米放入电饭煲，加水至没过米，按下“煮饭”键将米饭煮熟即可。

巧厨有妙招

因为大米和糯米已经浸泡过，故加水时只要没过米即可，水不要太多，否则蒸好的米饭太稀，不容易成团。

芦笋鸡肉香粥

适合 10 月龄宝宝

● 准备离乳餐材料

1. 芦笋 50 克
2. 鸡胸肉 50 克
3. 大米 100 克
4. 甜玉米 20 克
5. 儿童酱油适量
6. 香油少许

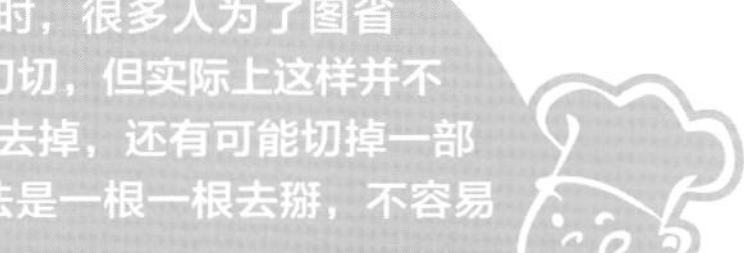

巧厨有妙招

芦笋去老根时，很多人为了图省事儿都习惯一刀切，但实际上这样并不能将所有老根都去掉，还有可能切掉一部分嫩根。我的方法是一根一根去掰，不容易掰断的就是老的。

● 爱心离乳餐巧制作

1. 芦笋去掉老根和叶子，斜切成薄片。

2. 鸡胸肉洗净后放入碗中，用保鲜膜包裹好，放冰箱中冷冻 20 ～ 30 分钟，略冻硬后取出来切成薄片。

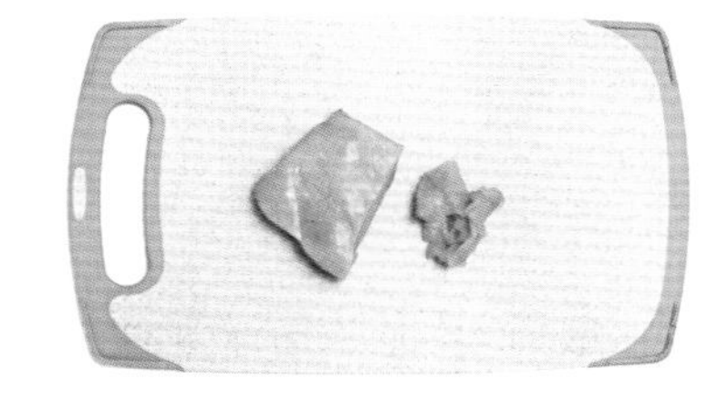

3. 大米淘洗干净，和甜玉米一起放入锅内，倒入适量清水（米与水的比例是 1:10 ～ 1:12），大火煮沸后转小火，熬煮至米粒开花。

4. 加入鸡胸肉，用筷子搅开，快速烫熟，下入芦笋片煮 1 分钟左右，加入儿童酱油和香油提味即成。

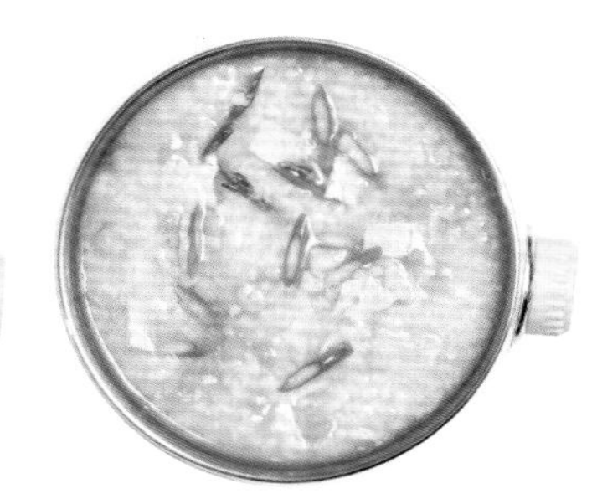

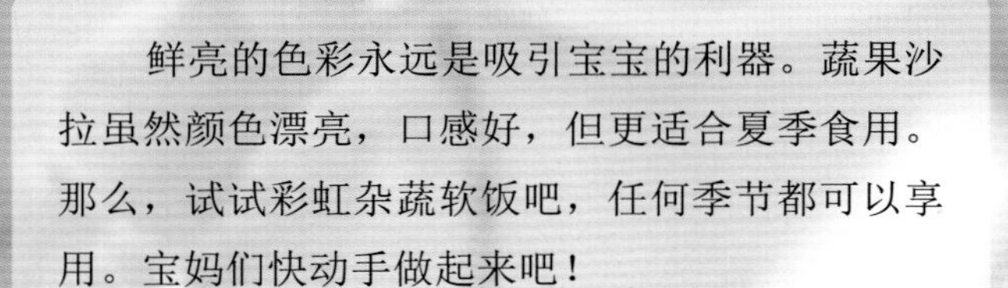

鲜亮的色彩永远是吸引宝宝的利器。蔬果沙拉虽然颜色漂亮，口感好，但更适合夏季食用。那么，试试彩虹杂蔬软饭吧，任何季节都可以享用。宝妈们快动手做起来吧！

彩虹杂蔬软饭

适合 10 月龄宝宝

巧厨有妙招

这个软饭还有一种懒人做法：将大米洗净后浸泡 40 分钟，然后连米带水放在一个碗中，把所有配料炒至半熟，调味后倒在碗中，盖在米上，上蒸锅蒸，水开后中大火蒸 30 分钟即成。

准备离乳餐材料

① 大米适量
② 青豆 5 克
③ 玉米粒 5 克
④ 胡萝卜 5 克
⑤ 紫甘蓝 5 克
⑥ 儿童酱油适量
⑦ 香油少许

爱心离乳餐巧制作

① 胡萝卜、紫甘蓝分别洗净，切成小粒。

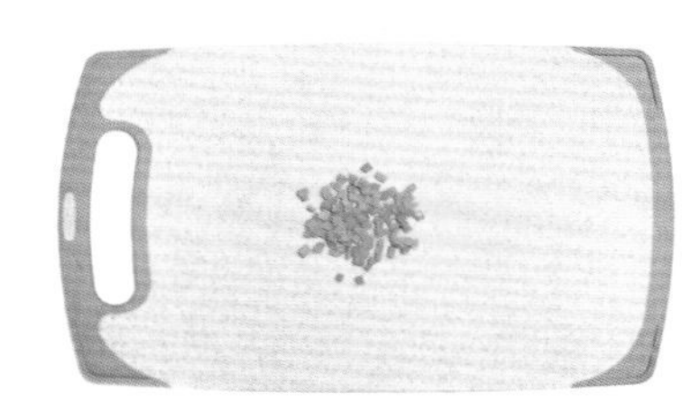

② 大米淘洗干净，放入开水锅大火煮开，依次加入胡萝卜丁、青豆、玉米粒，再次煮开后改成小火，煮 25 ～ 30 分钟。

③ 熬煮至粥变得黏稠后撒上紫甘蓝碎，继续煮 1 ～ 2 分钟。

④ 淋上儿童酱油和香油提味即成。

什锦儿童小软面条

适合 10 月龄宝宝

面食的饱腹感最强，也是这个月龄宝宝最爱的食物。这次我除了加入能增加抵抗力的西蓝花和胡萝卜外，还加入了富含蛋白质的鸡肉碎。因为鸡胸肉热量很低，宝妈也可以吃一些哟！

巧厨有妙招

煮熟儿童面条需要 4~5 分钟，我的诀窍是下锅前把面条掰碎，煮熟关火后盖上锅盖闷 2 分钟，这样的面条更软嫩细滑，汤汁也比较稠，很适合宝宝吃。

● 准备离乳餐材料

1. 鸡肉 100 克
2. 西蓝花 50 克
3. 胡萝卜 50 克
4. 儿童面条适量
5. 儿童酱油适量
6. 香油少许

● 爱心离乳餐巧制作

① 鸡肉洗净，切碎；胡萝卜洗净，去皮，切成小丁；西蓝花洗净，取花苞掰成小朵。

② 炒锅放入少许食用油烧热，放入胡萝卜丁和鸡肉碎，炒到鸡肉发白后加入儿童酱油调味。

③ 加入开水，大火烧开后放入儿童面条煮熟。

④ 放入西蓝花碎煮 1 ～ 2 分钟，出锅前淋上儿童酱油和香油即可。

肉松米饭卷

适合 10 月龄宝宝

小朋友们大多喜欢吃卷饼和寿司。在小朋友眼中，软软的卷饼中藏着神秘的各种材料和味道，他们看不到，但是小嘴巴可以品尝到。这简直是满足小宝宝浓浓好奇心的制胜法宝，而且还能挑战小家伙味蕾的活跃度，让他接受各种不同的材料。

● 准备离乳餐材料

1. 大米 100 克
2. 肉松适量
3. 熟黑芝麻适量

营养加分

肉松是宝宝补充铁等矿物质的不错选择，因其本身含有一定量的钠离子，故米饭卷不用加任何调料。但是肉松热量较高，小宝宝在吃的量和频率上要有所控制。

巧厨有妙招

给小宝宝吃的米饭要蒸得软一些。将大米提前浸泡 1~2 小时后再蒸，蒸出来的米饭更软糯，而且便于塑形。

● 爱心离乳餐巧制作

❶ 大米淘洗干净，用电饭煲蒸熟。

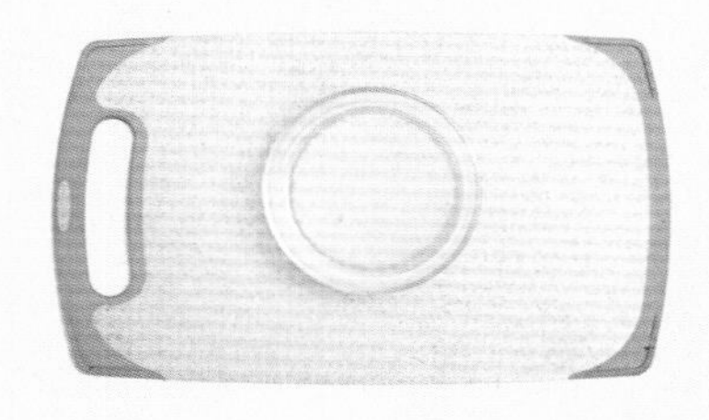

❷ 准备一个竹帘子，用保鲜膜包好。

❸ 将蒸好的大米饭平铺在竹帘上，上面撒一层黑芝麻，压平。

❹ 把米饭翻过来，然后铺上肉松，卷成卷。

❺ 用刀把米饭卷切成小块，更方便小宝宝吃。

1

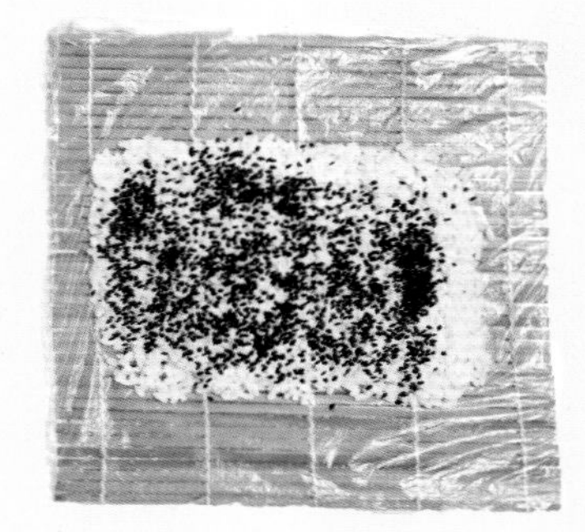

3

蒸素三丁

适合10月龄宝宝

小宝宝的肠胃功能还没有发育完善，所以蒸的食物是最适合他们的。蒸可以最大限度地保留食物原有的营养，味道也更接近食物原本的味道，同时经过高温蒸煮，不利于肠胃的物质也会被杀灭或消除。

营养加分

胡萝卜是保证小宝宝健康成长的食材之一，红薯有润肠通便功效，芋头有补中益气、洁齿防龋、增强免疫力的功效。这三种食材对身体都很有益处，而且蒸着吃减少了油脂的摄入，操作还简单！

● 准备离乳餐材料

1. 芋头 50 克
2. 红薯 50 克
3. 胡萝卜 50 克

巧厨有妙招

素三丁可以根据宝宝的喜好和当前季节，选择红薯、土豆、山药、玉米、南瓜等不同材料。

● 爱心离乳餐巧制作

1. 所有材料分别洗净，去皮，切成块。

2. 将三种材料丁码在蒸屉上。
3. 上锅大火蒸约 30 分钟，至所有材料软烂即可。
4. 出锅晾凉，就可以喂宝宝了。如果宝宝喜欢吃甜食，可以把三丁蘸少许婴儿葡萄糖或番茄酱再喂宝宝。

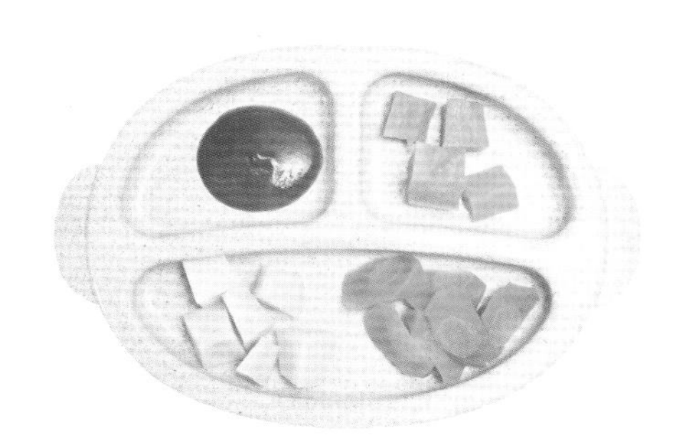

特别专题第五辑

——辣妈同步营养瘦身规划（4）

宝宝10月龄左右时，食物逐渐从以奶为主过渡到以离乳餐为主了。母乳妈妈可能会发现，此时自己的奶水越来越少，这是正常的，同时瘦身计划可以比之前加速进行了。除了中午正常吃饭外，早餐可以用沙拉代替，晚餐用奶昔代替。

地瓜菜花沙拉

● 准备瘦身餐材料

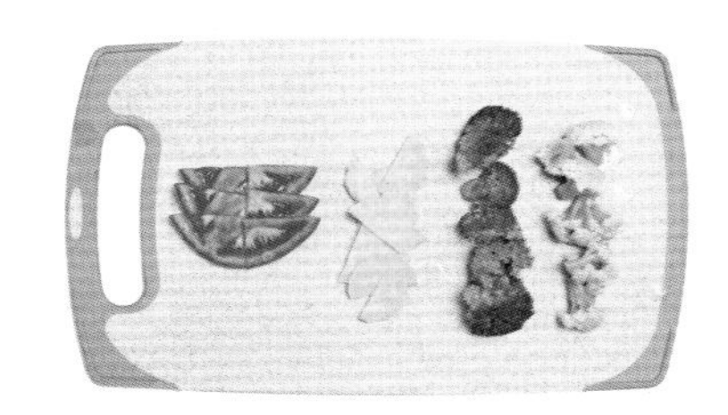

① 地瓜适量
② 番茄适量
③ 菜花适量
④ 西蓝花适量
⑤ 意大利黑醋适量（鲜柠檬汁也可以）
⑥ 盐适量
⑦ 橄榄油适量

● 辣妈瘦身餐巧制作

① 地瓜洗净，去皮，切成薄片；番茄洗净，切成三角块。

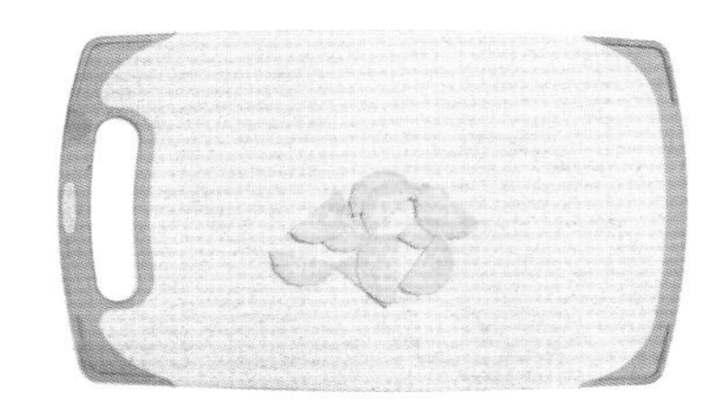

② 菜花、西蓝花洗净，取花苞掰成小朵，与地瓜片一同放沸水锅中烫熟后捞出过凉。

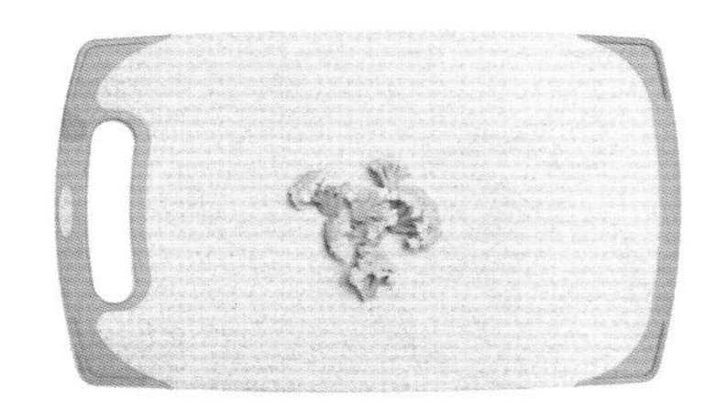

③ 将所有食材放入盆子里，加入橄榄油、黑醋、盐拌匀即可。

菠萝奶昔

菠萝含有人体所需的几乎所有维生素，还含有16种天然矿物质。中医认为，菠萝味甘微酸，有生津止渴、润肠通便、降脂减肥功效；西方营养学也证实，菠萝中含有菠萝酵素，可以分解蛋白质，尤其是肉类的蛋白质，减少人体对脂肪的吸收。菠萝减肥的秘密在于它丰富的果汁，故减肥期间饮用菠萝汁是很好的选择，再加上酸奶，就是可口的奶昔了。

• 准备瘦身餐材料

① 原味酸奶 200 毫升
② 新鲜菠萝 100 克

巧厨有妙招

菠萝中含有一种叫菠萝蛋白酶的物质，对于我们的口腔黏膜和嘴唇的幼嫩表皮有刺激作用，故人们吃菠萝时嘴巴里会有一种不适感。建议将菠萝在淡盐水中浸泡一段时间再吃，盐可以抑制菠萝蛋白酶的活性，减弱其对口腔的刺激，并去除菠萝的涩味，使其味道更加香甜。

• 辣妈瘦身餐巧制作

① 菠萝去皮，切块，清洗后放入淡盐水中浸泡 15 ～ 20 分钟。

② 将菠萝块连同原味酸奶一起放入料理机中打碎即可。

第六章

咀嚼期

（11 ～ 18 月龄）

丁丁粒粒好吃又有趣

满 1 岁起，宝宝的咀嚼能力将直接影响宝宝的吞咽能力、肠胃功能，并影响宝宝的牙齿生长。所以，不要为了省事儿而继续喂宝宝稀饭，也不要在做宝宝餐时把食材都剁碎。大概从 11 月龄开始，可以给宝宝吃切成小丁的蔬果，容易吃又有趣，还能充分锻炼宝宝牙齿的咀嚼能力，为以后正式吃饭做准备。

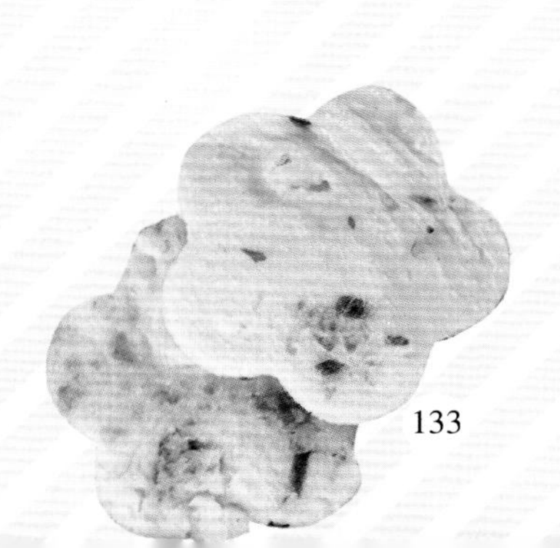

11月龄宝宝新探索

• 颗粒大点也不怕 •

宝贝档案

发育特点	体重增加300克，身高增加1.3厘米左右。可以扶着家具走几步，或独站片刻；可以理解“不”的含义；模仿力提高，可以模仿涂画、刷牙、洗脸等动作；越来越依恋妈妈；可以对事物有所联系，比如看到狗会叫“汪汪”。
喂养与营养	本月龄开始，饮食应该以辅食为主，主食以软饭、面食搭配，每天要有足量的蔬菜和水果，1天1个鸡蛋，肉、鱼、肝等不同种类每天换着吃；每天仍需保证500毫升左右的奶量。
注意事项	宝宝辅食一定要避免汤泡饭的形式，虽然味道好，但营养素极少；不能因为图省事儿就只喂鸡蛋羹，鱼、肉等也要适当添加，更利于蔬菜、谷类中铁的吸收。

制作更能吸引宝宝的离乳餐

有些纯母乳喂养的宝宝，尤其是生病初愈时，本月可能出现“叼奶头”的现象（就是总惦记着吃母乳而不愿意吃辅食）。这就需要妈妈在烹饪上下大功夫，改变面食、米饭的做法，经常变换花样，使宝宝的离乳餐多样化，调动宝宝的情绪，提高宝宝对离乳餐的兴趣。对于1岁半以内的所有宝宝来讲，在离乳餐上多花心思，以及保持耐心，这两点再多也不为过。

可以尝试大颗粒的食物了

11个月大的宝宝，小牙齿一般都长了6颗，所以辅食可以逐渐从菜泥、肉泥等过渡到颗粒稍大的碎肉、碎菜了。也可以在两餐之间加儿童饼干、糕点等，锻炼宝宝的咀嚼能力。但注意吃完后让宝宝喝点水，将沾到牙齿上的食物清洗掉，并清洁口腔。

帮助宝宝消化和排便

宝宝开始吃碎肉、糕点、饼干等固体食物后，便便也开始由稀糊状逐渐转变成固体状，有时甚至还会便秘。要想让便便变软、变稀，喝水就变得非常重要，所以在本月龄一定要让宝宝养成常喝水的习惯。火龙果泥和煮烂的梨都有缓解便秘的作用，也可以在离乳餐中加 1 小勺芝麻油或橄榄油，让宝宝的肠道更润滑。

什么时候可以给宝宝吃甜食?

如果可以，请尽量让你的宝宝远离工业制成的甜品。水果或干果的自然甜味就可以让谷类辅食吃起来足够甜，额外添加糖完全没有必要。甜食对婴幼儿的牙齿不利，还与肥胖症、咳嗽、上火等有着密切的联系，所以，家长从宝宝听懂话开始就要试着让他知道：甜食是特殊的，不能常吃。

警惕！很多婴儿食品都含有糖或添加剂，比如成分标签上常见的葡萄糖、麦芽糖、麦芽糊精、果糖等。故建议妈妈自己动手做婴儿零食和离乳餐。

培养正确的饮食习惯

11 个月大的宝宝总想自己动手，喜欢摆弄餐具。家长可以帮他洗干净小手，铺上干净的塑料布，然后给他 1 把小勺，1 个盘子或碗，放一点食物让他自己吃，引起宝宝对吃饭的兴趣。还可以让宝宝练习自己拿着杯子喝水。本月龄仍然是以家长喂养为主，但可以尝试慢慢放手了。

牛肉蔬菜缤纷粥

适合11月龄宝宝

给宝宝加肉食，我喜欢选择鱼肉或牛肉，前者对宝宝的大脑发育有利，后者补铁效果甚佳，而且富含蛋白质和脂溶性维生素等多种营养素。11个月大的宝宝，吃饭的时候很难安静下来，不同颜色的蔬菜可以吸引宝宝前来吃饭哟！

营养加分

牛肉中所含有的铁、磷、硫等矿物质，容易在人体内留下酸性代谢物。西葫芦、胡萝卜、青豆等蔬菜代谢物呈碱性，可以中和酸性物质，并使营养更加均衡全面。

准备离乳餐材料

1. 米饭 150 克
2. 牛肉碎 100 克
3. 西葫芦 30 克
4. 菜花 30 克
5. 胡萝卜 30 克
6. 青豆 20 克
7. 姜片 2 片
8. 儿童酱油适量
9. 香油少许

巧厨有妙招

厨艺比较优秀的宝妈们，可以自己制作牛肉碎。炖牛肉时放少许淀粉，牛肉会更嫩一些。如果想省事儿，可购买市售的熟牛肉切成碎块，就是牛肉碎啦！

爱心离乳餐巧制作

1. 西葫芦、菜花、去皮胡萝卜洗净，切成小丁；青豆泡涨后洗干净。

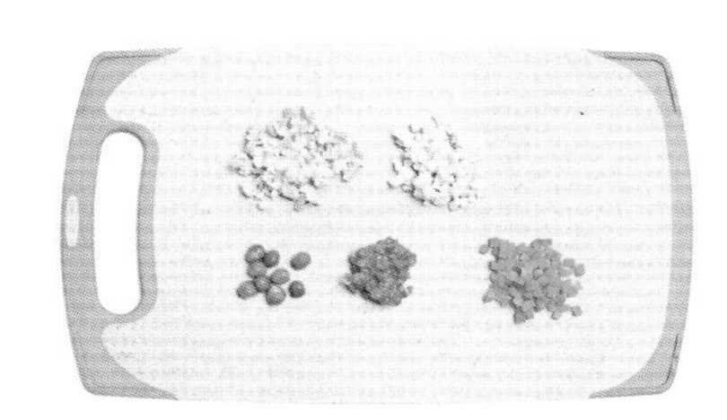

2. 米饭放入开水锅大火煮开。

3. 依次向锅内放入姜片、牛肉碎、青豆、西葫芦丁、菜花丁、胡萝卜丁，一起熬煮。

4. 待所有材料熬至软烂后加入儿童酱油和香油即可出锅。

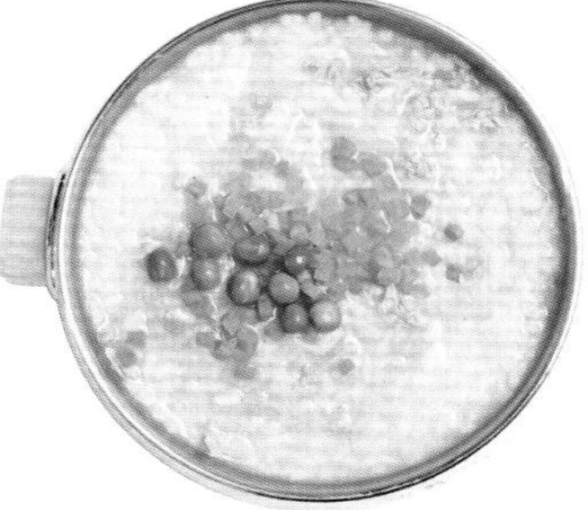

肉松蒸茄泥

适合 11 月龄宝宝

营养加分

茄子中含有丰富的花青素、维生素和铁，非常适合小宝宝食用。将宝宝最爱吃的肉松和茄子搭配在一起，取材方便，制作简单，味道也鲜美极了，宝宝很爱吃呢。

• 准备离乳餐材料

1. 长茄子 1 根
2. 蒜泥少许
3. 儿童酱油少许
4. 肉松适量

• 爱心离乳餐巧制作

1. 长茄子洗净，去皮切成条状。
2. 将长茄子条盛在盘子中，上蒸锅蒸熟。
3. 盛出晾温后加入儿童酱油、蒜泥（如果宝宝不爱吃可不加）拌匀。
4. 上面撒上适量肉松就可以啦！

巧厨有妙招

红豆莲子汤的主要功效是清心安神、强健身体，提高宝宝的免疫力。如果宝宝上火了，可以把婴儿葡萄糖换成婴儿清火宝或七星茶，味道甜甜，还有去火的功效。

红豆莲子汤

适合11月龄宝宝

● 准备离乳餐材料

① 红豆100克
② 莲子100克
③ 婴儿葡萄糖适量

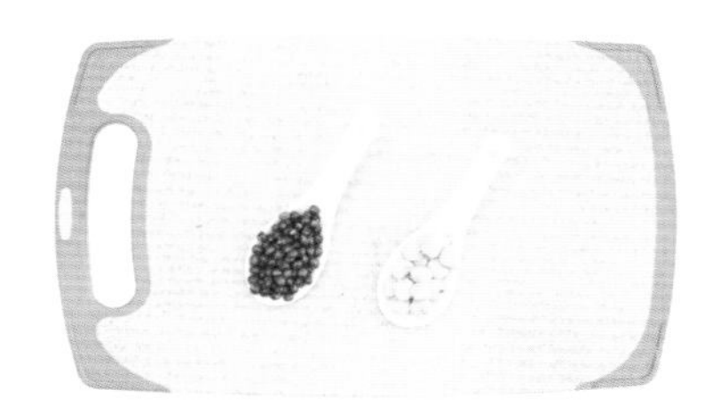

● 爱心离乳餐巧制作

① 红豆浸泡一夜；莲子浸泡2小时。
② 莲子掰开，去心。
③ 将泡好的红豆、莲子连同适量清水一起放入电饭煲中，选择“蒸煮”键。
④ 待电饭煲停止工作后加入婴儿葡萄糖调味即可。

虾仁蒸豆腐

适合 11 月龄宝宝

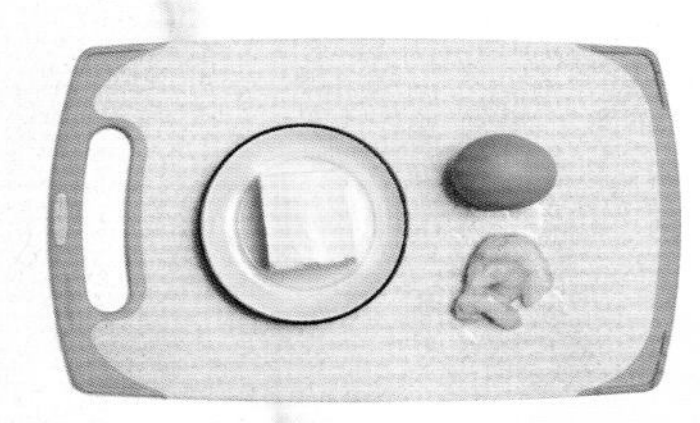

准备离乳餐材料

1. 虾仁 20 克
2. 盒装嫩豆腐 100 克
3. 鸡蛋 2 个
4. 儿童酱油少许
5. 香油少许

爱心离乳餐巧制作

1. 鸡蛋只取蛋黄，在小碗中打散。
2. 虾仁洗净，上锅蒸熟，取出晾温后切成碎末。
3. 嫩豆腐倒入蛋黄液中搅拌均匀，再加入少许温开水拌匀，撒上虾仁碎，放入烧开水的蒸锅中，用中小火蒸约 7 分钟。
4. 淋上儿童酱油和香油调味即可。

巧厨有妙招

一定要用温开水调蛋液，蒸熟后口感才嫩。为了避免蛋黄羹蒸老，建议在蒸的过程中不要离开，见蛋液凝固就关火。蒸蛋的时间要根据材料用量而定，7 分钟只是针对我本次的用量而设定的。

鱼肉青菜粥

适合11月龄宝宝

● 准备离乳餐材料

① 大米100克
② 龙利鱼80克
③ 青菜少许
④ 生姜2片
⑤ 儿童酱油适量

● 爱心离乳餐巧制作

① 鱼肉洗净，切成丁；青菜切丝。
② 大米淘洗干净，放入开水锅大火煮开。
③ 改为小火，加入生姜片和鱼肉丁，继续烧开后改成小火，慢慢熬至粥变得黏稠。
④ 加入青菜丝和儿童酱油，再煮2～3分钟，拌匀即可。

炸酱面

适合 11 月龄宝宝

作为北京人士，菜谱中怎么可以少得了炸酱面？等啊等，等到小侄女笑笑 11 个月大时，终于有 8 颗牙齿了，我迫不及待地请她品尝我做的炸酱面。要知道，这是本人超爱的快手餐，宝宝和大人都可以吃哟！我家笑笑果然是土生土长的北方妹子，一下子就爱上了炸酱面。

准备离乳餐材料

1. 六必居黄豆酱 200 克
2. 五花肉末 100 克
3. 鲜的细面条适量
4. 黄瓜 1/3 根
5. 圆白菜适量
6. 心里美萝卜适量
7. 八角 2 粒
8. 蒜末少许
9. 色拉油少许

爱心离乳餐巧制作

1. 圆白菜洗净，切丝，用开水煮熟后过凉；黄瓜、心里美萝卜分别洗净，切丝。用此三丝做菜码。
2. 黄豆酱用温水调开，备用。

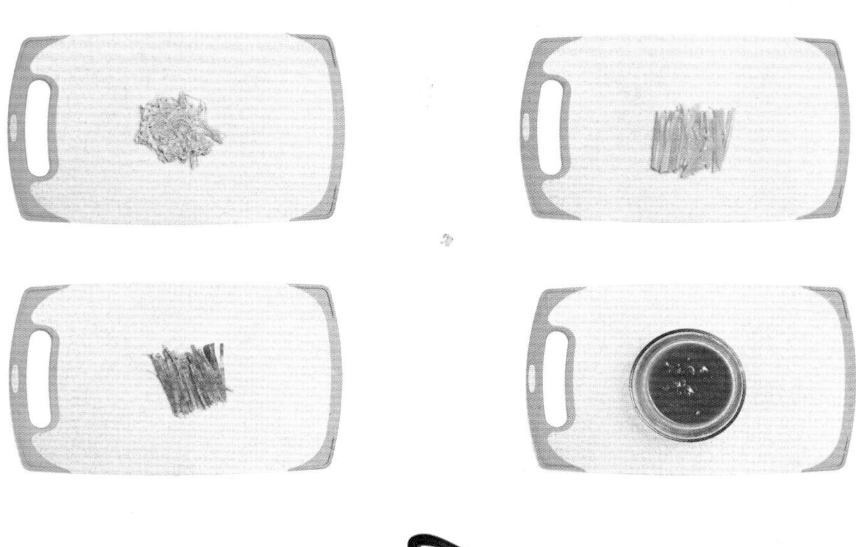

3. 炒锅内倒入色拉油烧热，放入八角炒香，加入五花肉末和蒜末继续炒，把五花肉中的油脂炒出来，加入调好的黄豆酱大火烧开，转成小火慢慢熬制。

④ 待酱香味出来后再焖 5 分钟即可关火。

⑤ 另取一锅，加入热水烧开后放入面条煮熟，捞出盛入碗中，浇上肉炸酱，放上菜码就可以了。

换个做法吧！

西红柿肉酱拌面

小月龄的宝宝，不太能咀嚼硬硬的圆白菜、黄瓜等，或者不喜欢心里美萝卜的味道，那就用酸酸甜甜的西红柿代替这些配料吧！

做法和肉酱面基本一样，只需去掉圆白菜、心里美萝卜，炒酱卤时加入去皮切成小丁的西红柿，美味营养的西红柿酱汁面就搞定啦！

鱼肉松菜粥

适合 11 月龄宝宝

● 准备离乳餐材料

1. 大米 100 克
2. 圆白菜 80 克
3. 鱼肉松适量
4. 生姜 2 片

● 爱心离乳餐巧制作

1. 圆白菜洗净，切成细丝。
2. 大米淘洗干净，放入开水锅大火煮开。
3. 改为小火，放入生姜片和圆白菜丝，熬至变得黏稠。
4. 关火，加入鱼肉松即可。

营养加分

此粥富含优质蛋白质、碳水化合物及钙、磷、铁和维生素等，营养非常丰富。

豌豆蘑菇汤

适合 11 月龄宝宝

营养加分

豌豆富含植物蛋白质，口蘑则含有大量的膳食纤维，同时绿色和白色的搭配有一种特别清爽的感觉，不需要添加其他材料和作料，喝起来非常鲜美。

准备离乳餐材料

① 甜豌豆 80 克
② 鲜口蘑 50 克
③ 鸡蛋 1 个
④ 水淀粉少许
⑤ 儿童酱油适量
⑥ 香油少许

爱心离乳餐巧制作

① 口蘑洗净，切成片。
② 鸡蛋只用蛋黄，打成蛋液。

③ 锅内放入少许开水，加入豌豆、口蘑，大火烧开。
④ 待豌豆、口蘑将熟时加入水淀粉搅匀，煮 1 ～ 2 分钟，再加入打匀的蛋黄液搅匀。
⑤ 淋上儿童酱油和香油调味即可。

• 吃得有模有样 •

发育特点	体重增加300克左右，为出生时体重的3倍；身高增加1.3厘米左右，是出生时的1.5倍。出牙6～8颗；开始学走路，动作尚不协调；会慢慢蹲下来或缓慢坐下；可以有目的地精确地抓住物体；要求自己动手吃饭，用杯子喝水；除了喊爸爸妈妈，还能说爷爷、奶奶、阿姨等简单词汇。
喂养与营养	辅食以每天4～5次为宜，即早中晚三餐，上午和午睡后各加1次点心。仍然喝奶，以补充与鱼、肉、蛋等不同的动物蛋白质和钙；食材尽量全面，几乎可以和大人一样了，但一定以软、易消化为前提。
注意事项	宝宝开始练习行走了，家长要时刻陪在宝宝身边，防止宝宝摔倒碰到尖锐的东西；宝宝开始学说话了，每当宝宝学会说出某一个字或词语时，妈妈要及时亲亲宝宝，以示鼓励，提高宝宝说话的积极性。

1岁宝宝的喂养与营养

婴儿食物品种和量的添加不宜硬性规定，应根据每个宝宝的食欲和消化能力而定。一般来讲，主食以大米、面粉为主，每日需100克左右；鸡蛋1个，烹饪方式随意；肉、鱼、内脏类食物50～70克，不同品类换着吃；绿叶蔬菜50～70克；奶类或豆浆400毫升左右；水果灵活掌握；油、糖分别10～20克。

1岁以内禁止给宝宝喂食蜂蜜

蜂蜜虽然不是糖，但还是建议不要给1岁以内的宝宝喂食。未经过充分加热处理的蜂蜜中可能含有梭状芽孢杆菌，梭状芽孢杆菌会在人体内产生毒素，破坏宝宝尚不平衡的肠道菌群，还可能对婴幼儿的神经系统产生负面影响，甚至导致肌肉麻痹。

- **关于水果的给法**

无须给宝宝吃特定的水果，当季上市最多的水果是最好的选择。满 1 岁的宝宝，牙齿和手的灵活性都比较充分了。对于香蕉、草莓，可以尝试让宝宝直接拿着吃，苹果果肉较硬，可以切成小薄片让宝宝吃，家长在旁边看护即可。吃番茄、柿子后可能会从便便里排出原物，这不是消化不良引起的，是正常现象，妈妈们不用担心。

是时候给宝宝准备一个杯子了

婴幼儿专家和儿科医生都不建议让宝宝持续进行吮吸，故满 1 岁后，请给宝宝准备一个专用的水杯吧。杯子是用来给宝宝喝水的，故只在喝水时给宝宝杯子，而不要把杯子留给宝宝用来玩耍。一般 1 岁内的宝宝除了吃奶外，每天应该喝 500 毫升水。

软饭的制作技巧

提前浸泡：大米淘好后泡上半小时；如果是黑米，浸泡 1 小时；如果加入豆类或糙米，要浸泡一夜。

米水比例：首先我们要知道，普通蒸米饭时米水比例是 1：1.2，那么软饭的水要稍多些，比例为 1：1.5，也就是 1 碗米加一碗半的水。

蒸饭：将米和所需的水加入电饭锅中，通电煮饭即可。

小贴士：给宝宝吃软饭，建议从 1 岁（最早 10 月龄）开始。刚开始可以只是大米饭，随着月龄增长，可以在大米中加入少量黑米或糙米、燕麦等，制成软米饭。注意在大米中一次最好只加入一种粗粮。红豆、绿豆最好等宝宝满 1 岁以后再添加。绿豆是凉性的，要少量添加。

红嘴绿鹦哥龙须面

适合1岁宝宝

看名字是不是觉得这个面很洋气？面的品相也非常漂亮，表面漂着红红绿绿白白的食物，很容易引起宝宝的食欲。其实呢，红嘴绿鹦哥是菠菜的一个雅称，菠菜的叶子绿得青翠，菜根红艳，这个名字是不是很形象？这道面加上雪白如玉的豆腐块和红红的西红柿，汤酸酸的，面条软软的，宝宝很爱吃呢！

准备离乳餐材料

1. 西红柿200克
2. 菠菜100克
3. 豆腐50克
4. 排骨汤适量
5. 细面条适量
6. 葱花少许

营养加分

菠菜性凉，味甘，具有补血止血、利五脏、通血脉、止渴润肠、助消化、清理肠胃热毒等功效，同时对缺铁性贫血有改善作用，适合小宝宝食用。

巧厨有妙招

过了霜降（每年公历10月23日左右）之后的菠菜最好吃，因为未经霜的菠菜吃在嘴里有点涩，几场霜过后，菠菜的口感最好。

● 爱心离乳餐巧制作

1. 将西红柿洗净，整个用开水烫一下，撕去皮，切小丁。
2. 菠菜叶洗净，用开水氽一下，切碎。
3. 豆腐简单冲洗一下，切小方块。

4. 炒锅放入少许油烧热，用葱花炝锅，然后倒入排骨汤，烧沸，再将西红柿丁、菠菜碎、豆腐丁一起倒入锅内，略煮一会儿。
5. 加入细面条，待面条煮软即可出锅。

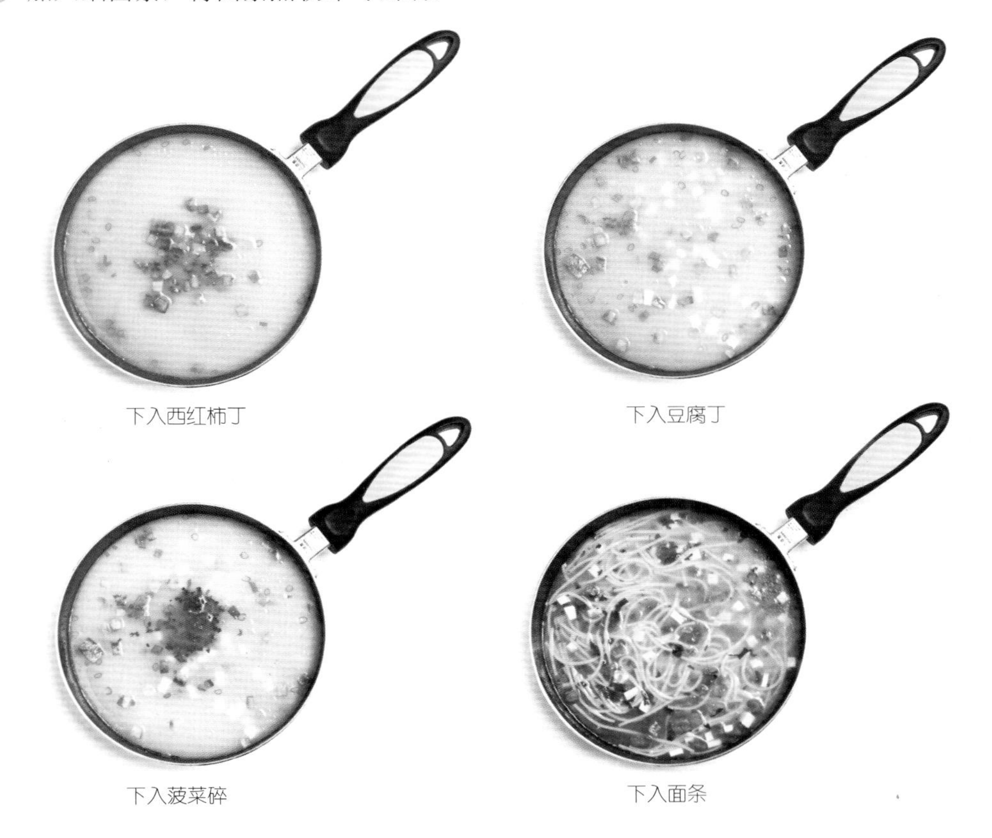

下入西红柿丁　　下入豆腐丁

下入菠菜碎　　下入面条

鸡蛋布丁

适合1岁宝宝

嫩嫩的、滑滑的布丁可是宝宝们的最爱。不要认为布丁只有西餐厅才可以做出来，只要用心，我们自己做的布丁口感也不错，关键是材料很放心。这次为大家介绍的是最简单的鸡蛋布丁，可以吃出母乳的奶香味。

营养加分

奶被称为白色的血液，鸡蛋被称为营养的宝库，两者相加，营养价值非常高。做布丁时，我更推荐用烤箱烤，165℃烤约45分钟，造型和口感更佳。但蒸法用时更短、操作更方便。

巧厨有妙招

如果家里没有打蛋器，也可以用筷子打，大约要打5分钟。这个过程中手一定会酸，但为了布丁的嫩滑口感，这个步骤是必需的。

● 准备离乳餐材料

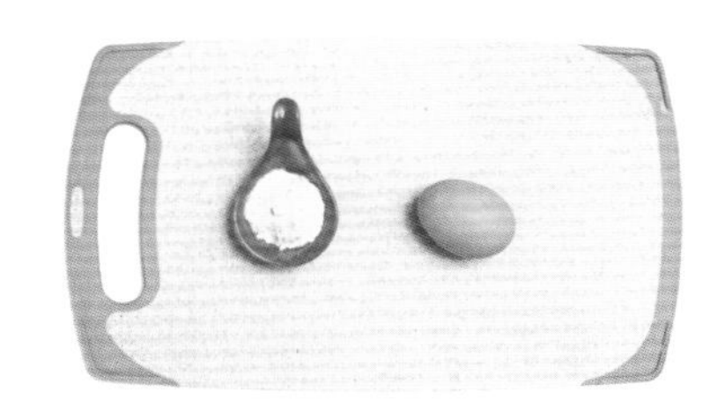

1. 鸡蛋 1 个
2. 配方奶 200 毫升
3. 婴儿葡萄糖适量

● 爱心离乳餐巧制作

1. 将鸡蛋磕到碗中，加入配方奶、婴儿葡萄糖，用打蛋器打匀。
2. 用滤网将蛋奶液过滤几遍，把泡沫彻底过滤掉。

3. 将蛋液倒入模具中，用保鲜膜包住容器口，然后在保鲜膜上用牙签扎几个小洞。

4. 上蒸锅用中火蒸 10 分钟左右，蒸至蛋液凝固即可。

鲜水果酸奶糊

适合1岁宝宝

宝宝不爱吃水果？宝宝不爱喝奶？没关系，两种不喜欢的东西混合到一起，兴许就变成了宝宝的最爱呢！尤其是夏季，给宝宝来一杯鲜水果酸奶糊，口感和营养简直太棒了。

● 准备离乳餐材料

1. 香蕉半根
2. 草莓3颗
3. 苹果1/2个
4. 儿童乳酸菌酸奶适量

营养加分

五彩的水果，仿佛天生就和纯白的酸奶相配，盛在透明的玻璃杯中，让人感觉格外清凉可口，味与色缺一不可，才能成为宝宝夏季的最爱。

● 爱心离乳餐巧制作

1. 香蕉去皮切块。草莓洗净切块。苹果洗净，去皮、核，切成小块。
2. 将水果块连同酸奶一起放到料理机中打匀即可。

巧厨有妙招

水果品种不限，只要是当季的新鲜水果即可。个人建议一定要有香蕉，因为香蕉和酸奶混合后味道棒极了，几乎所有宝宝都会喜欢。

虾末菜花

适合1岁宝宝

准备离乳餐材料

1. 虾仁 100 克
2. 菜花 200 克
3. 盐少许

爱心离乳餐巧制作

1. 虾仁洗净，切成小粒。
2. 菜花洗净，切成小块。
3. 锅内放入少许开水，把菜花放到水里汆一下后捞出。
4. 炒锅倒入少许油烧热，放入虾仁粒炒香后放入菜花翻炒片刻，加入少许盐翻炒均匀，再加入少许热水，把菜花烧软些即可出锅。

巧厨有妙招

满1岁的宝宝，可能对咸香味的饭食更感兴趣，此时宝宝的肾脏等功能也在逐渐完善，可以尝试加一点点盐进去了，但量一定要少，略微有点咸味就可以了。

营养加分

冬瓜可利湿解暑，利水消肿；肉末富含蛋白质，能健脾、补益身体。这道菜虽是常见的材料，简简单单的制作方法，但美味与营养兼备。

肉末蒸冬瓜

适合 1 岁宝宝

● 准备离乳餐材料

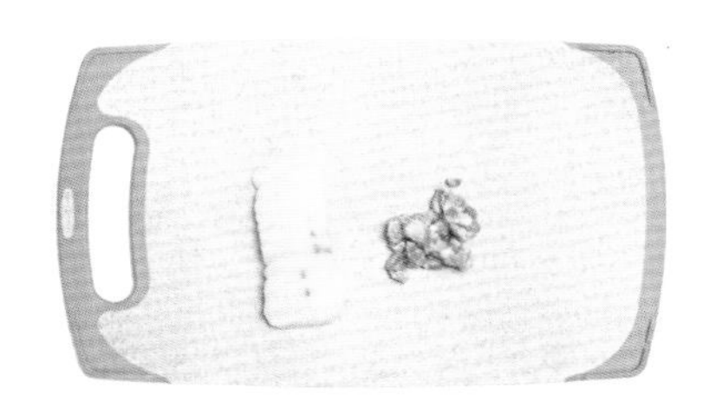

1. 肉末 100 克
2. 冬瓜适量
3. 儿童酱油少许

● 爱心离乳餐巧制作

1. 锅内倒入少许油烧热，把肉末放进去翻炒，炒至肉末变白后加入儿童酱油略炒，出锅。

2. 冬瓜去皮和瓤，洗净后切成大厚片。

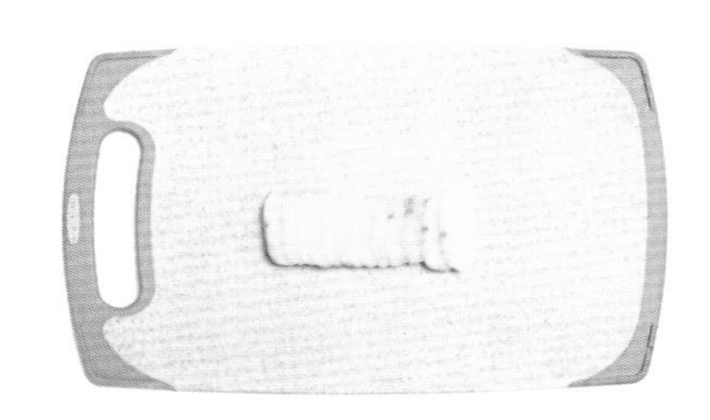

3. 将冬瓜片整齐地摆放到盘子里，然后把炒好的肉末倒上去，上蒸锅将冬瓜蒸熟即可。

豌豆西葫芦软饭

适合1岁宝宝

营养加分

豌豆调和脾胃的功效比较突出，当宝宝觉得胃部不太舒服时，吃一些豌豆饭可以有效改善。豌豆的铜、铬等微量元素含量较高，有利于宝宝造血功能的提升和骨骼、大脑的发育。但是豌豆吃多了会胀气，故每日食用量不宜超过50克。

● 准备离乳餐材料

① 甜豌豆 50 克
② 西葫芦 100 克
③ 大米适量
④ 高汤适量

● 爱心离乳餐巧制作

① 西葫芦洗净，去皮和瓤，切成小厚片。
② 大米洗净，放入电饭煲中，加入高汤（热水也可以，量比蒸米饭的水要多一些）。
③ 将西葫芦片和甜豌豆一起放到米饭锅中，按下“煮饭”键。
④ 待电饭煲跳至“保温”键后往软饭中加入少许盐，用勺子拌匀即可。

大米加高汤（或热水）

加入西葫芦片和甜豌豆

蒸好软饭

加入少许盐调味

冰糖莲子梨汤

适合1岁宝宝

● 准备离乳餐材料

1. 莲子80克
2. 雪梨200克
3. 冰糖适量

● 爱心离乳餐巧制作

1. 莲子泡软，去心。
2. 雪梨洗净，去皮和核，切成大块。
3. 将莲子、雪梨连同冰糖一起放到锅里，加入热水，大火烧开后改为小火，慢慢熬至食材软烂即可。

巧厨有妙招

有人说莲子中的莲子心才是去火的关键。这是从医学的角度出发的，莲子心具有清心去火的功效。但从口感上来讲，小宝宝更愿意接受去掉莲子心的莲子，更何况冰糖本身也有去火的功效。

酸奶果蔬沙拉

适合 1 岁宝宝

准备离乳餐材料

1. 圆白菜 50 克
2. 生菜 20 克
3. 黄瓜 50 克
4. 西红柿 50 克
5. 牛油果 50 克
6. 梨 80 克
7. 坚果 10 克
8. 酸奶适量

爱心离乳餐巧制作

1. 圆白菜洗净，切成细丝；生菜洗净，撕成小片；黄瓜洗净，切成厚片；西红柿洗净，切成薄片。
2. 牛油果、梨分别洗净，去皮、核，切成小块。
3. 将上述所有处理好的材料与坚果直接放到碗里，然后倒入酸奶拌匀即可。

巧厨有妙招

做给宝宝吃的沙拉时，建议用酸奶代替脂肪含量过高的沙拉酱，味道、营养俱佳，宝宝吃起来更放心。

菠菜金瓜蛋花汤

适合 1 岁宝宝

● 准备离乳餐材料

① 菠菜 100 克
② 金瓜 100 克
③ 鸡蛋 1 个
④ 盐少许
⑤ 儿童酱油少许
⑥ 香油少许

● 爱心离乳餐巧制作

① 菠菜洗净，放开水锅中氽一下，捞出切碎。
② 金瓜洗净，去皮、瓤后切成厚片。

③ 鸡蛋磕入碗中，打散成蛋液。
④ 锅内放入金瓜厚片和适量清水，待金瓜煮熟后倒入菠菜碎，淋入蛋液，然后加入盐拌匀。
⑤ 临出锅时淋上儿童酱油和香油调味即可。

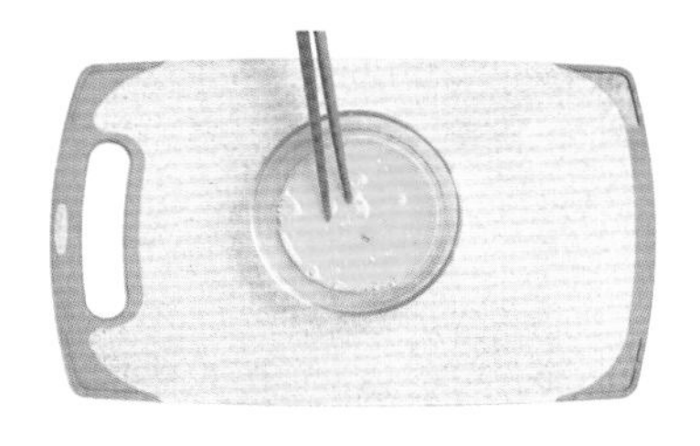

• 俨然小大人一个 •

宝贝档案

发育特点	本月龄的宝宝，体重正常均值为 10.70 ～ 11.10 千克，身高 82.50 ～ 83.50 厘米；开始学走路，动作尚不协调；会慢慢蹲下来或缓慢坐下；可以逐渐训练宝宝排尿、排便前做出表示，宝宝每次主动表示时应给予鼓励和表扬；能听懂许多话，开始练习说话。
喂养与营养	出牙约 12 颗，随着切牙的陆续长出，宝宝可以吃大多数食物了。此时宝宝的胃口总是难以捉摸，妈妈可千万不要武断地判断他是因为挑食才不好好吃饭，因为好动的宝宝玩玩具时比吃东西时开心多了。让宝宝和大人在餐桌上一起吃饭吧，好习惯要从小养成。
注意事项	要帮助宝宝戒掉奶瓶了，这对配方奶粉喂养的宝宝可能比较困难，比如宝宝睡前或半夜睡醒时仍需要得到奶瓶的安慰。此时大人可以拍着哄睡，或者用一件宝宝喜欢的玩具、毛毯等代替奶瓶安慰他入睡。

什么时候断奶最合适？

我们提倡自然离乳，而不是断奶。如果妈妈和宝宝都很享受母乳喂养的过程，那么就没有理由停止。其实在 1 岁至 1 岁半，大多数宝宝习惯了吃母乳以外的食物后，会不知不觉地淡忘母乳，自己停止吃奶，这就是自然离乳。

自然离乳进行时

从 4 ～ 6 月龄宝宝开始吃辅食起，其实已经在为自然离乳做准备。随着宝宝可以吃的食物越来越多，吃奶的次数就越来越少，妈妈的乳汁分泌也会随之减少，说明宝宝和妈妈都已经在离乳的路上了。

先减白天喂奶次数：白天吸引宝宝的事情很多，宝宝相对不太注意妈妈。

再逐步减掉晨起和睡前奶：用奶制品或豆浆取代。

戒夜奶：换成宝宝喜欢的玩具、毛巾等安慰宝宝入睡。

配方奶粉：识别过敏反应

宝宝自然离乳后，可用配方奶粉来代替晨起和睡前的母乳。这就需要妈妈们识别配方奶粉是否会引起过敏反应了。如果宝宝在喝配方奶粉时出现下列症状，就可能是过敏了，请立即咨询儿科医生，听取专家建议。

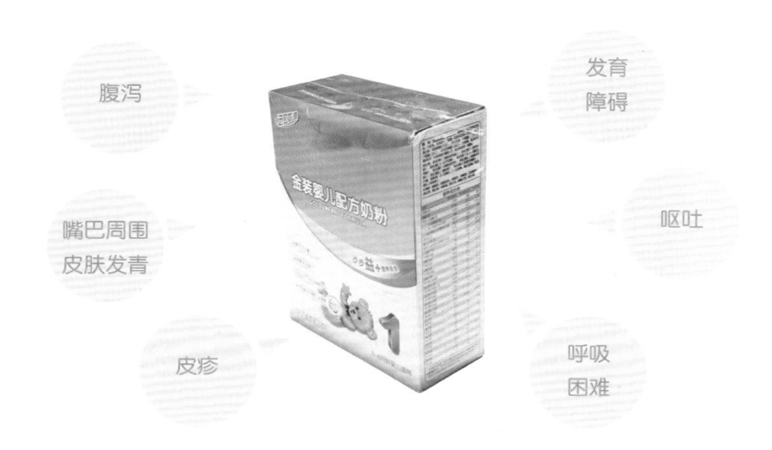

和家人一起在餐桌上吃饭喽

通常在 1 岁至 1 岁半时，宝宝已经基本离乳，开始以吃饭为主。有些妈妈还保留一餐给宝宝喂母乳，目的也只是增加与宝宝相互依偎的时间而已。但最迟从现在开始，应该在固定的用餐时间让宝宝和家人一起在餐桌上用餐了，宝宝在不知不觉中已经长大了。

餐桌上的规矩

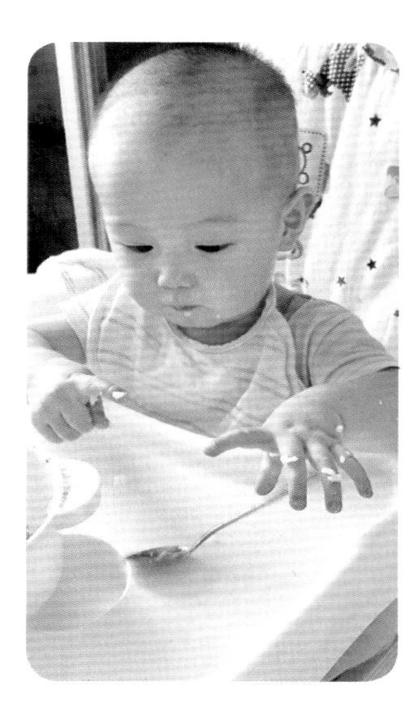

1. 在餐桌上做宝宝的榜样。家长在吃饭时不要看电视、玩手机，宝宝吃饭时爱玩玩具或东张西望的习惯是模仿家长的类似习惯哟！

2. 让宝宝接受餐椅。每个人都有自己的就餐位置，吃饭的时候记得拿走玩具。

3. 对宝宝玩食物的行为给予战略上重视、战术上轻视。就是家长不过多关注或干涉宝宝玩食物，但是在他好好吃饭的行为上多表扬、多鼓励。

清蒸银鳕鱼

适合1岁半宝宝

鱼肉富含蛋白质、DHA（二十二碳六烯酸）、EPA（二十碳五烯酸）等，有利于宝宝身体和脑部的发育，是宝妈们最喜欢给宝宝准备的材料之一。选哪种鱼肉呢？自然以肉质细腻嫩滑，且刺非常少的鱼肉为佳。这里为大家介绍的是银鳕鱼。

● 准备离乳餐材料

① 银鳕鱼 200 克
② 生姜 2 片
③ 大葱 1 根
④ 蒸鱼豉油适量
⑤ 盐少许

● 爱心离乳餐巧制作

① 银鳕鱼洗净，刮净鱼鳞，并刮去鱼皮上的黏液膜，冲洗干净。

② 准备一个鱼盘，将大葱放在盘子底部，然后放银鳕鱼，鱼身上抹少许盐，最上面放上生姜片，腌 5 ～ 10 分钟。

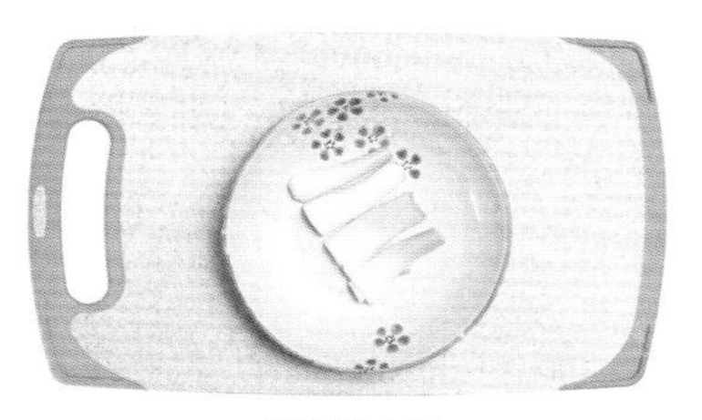

盘底放大葱

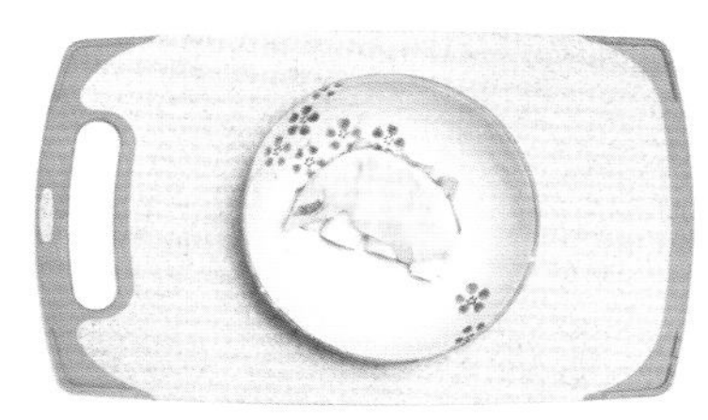

放银鳕鱼

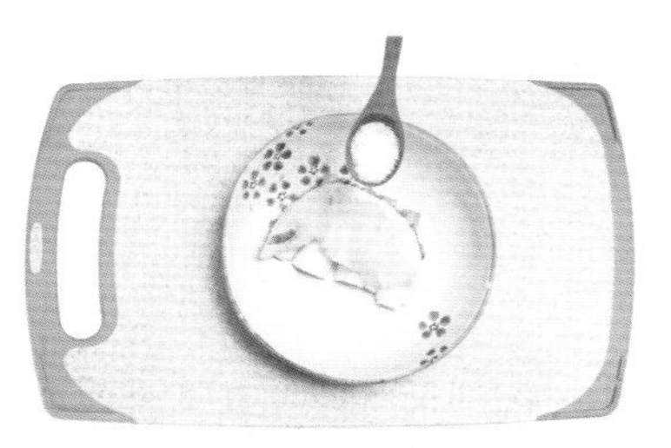

抹盐

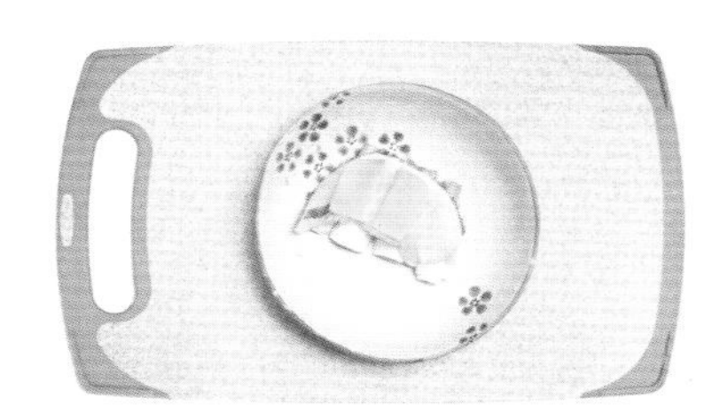

盖生姜片

③ 将银鳕鱼置于蒸锅内，大火蒸 8 分钟。

④ 关火闷 3 分钟，然后取出鱼盘，去掉姜片，淋上蒸鱼豉油即可。

肉末冬瓜面

适合 1 岁半宝宝

● 准备离乳餐材料

1. 肉末 50 克
2. 冬瓜 100 克
3. 面条适量
4. 儿童酱油少许

营养加分

冬瓜含有多种维生素和人体必需的微量元素，可调节人体的代谢平衡。面条是维生素和碳水化合物的重要来源，还含有维持神经平衡所必需的 B 族维生素。胃火较旺的小宝宝特别适合吃冬瓜软面条，因为冬瓜性寒，可养胃生津，清降胃火。

● 爱心离乳餐巧制作

① 冬瓜洗净，去皮、瓤，切成小丁。

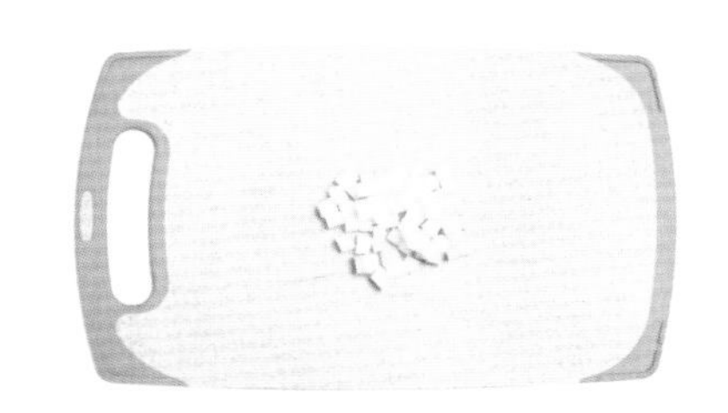

② 锅内放入少许油烧热，下入肉末炒香，加入冬瓜丁一起翻炒均匀，然后倒入儿童酱油和清水，烧至冬瓜软嫩即成冬瓜肉末卤。

炒香肉末　加入冬瓜丁

加入清水　加入儿童酱油

③ 面条煮熟后捞入碗内，把炒好的冬瓜肉末卤浇在面条上即可。

茄丝打卤面

适合1岁半宝宝

- 准备离乳餐材料

① 长茄子200克
② 大蒜20克
③ 面条适量
④ 盐少许
⑤ 儿童酱油少许
⑥ 青菜少许

● 爱心离乳餐巧制作

❶ 长茄子洗净，去皮，切成细丝；大蒜切成末。青菜洗净，焯至断生备用。

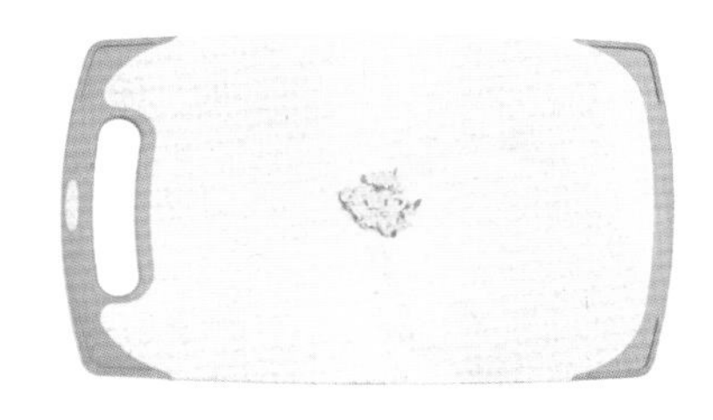

❷ 锅内放入少许油烧热，下入蒜末炒香，然后放入切好的茄子丝翻炒均匀，倒入儿童酱油稍炒后加少许开水，小火烧开至茄子软嫩后加入盐调味，即成茄子卤。

炒香蒜末

放入茄子丝翻炒

加入儿童酱油和开水

巧厨有妙招

茄子丝吸油才更入味软嫩，故要煸炒至微黄再烹入酱油，否则容易有生茄子味儿。因为是做卤，故加酱油后也需加入少许清水。

❸ 面条煮熟后捞入碗内，放入青菜，再浇上茄子卤。

冬瓜丸子汤

适合 1 岁半宝宝

吃多了米粥、软饭和面条，给宝宝做一份爱心营养汤吧。肉丸子营养丰富，既可以做汤，又可以当主食，考虑到做多了妈妈也可以吃，所以得保证有营养又不长脂肪，我这次加入了低热量且能清热消肿的冬瓜，宝妈也可以放心吃。

- **准备离乳餐材料**

1. 冬瓜 100 克
2. 猪肉馅 100 克
3. 鸡蛋 1 个
4. 淀粉少许
5. 葱姜碎少许
6. 葱花少许
7. 盐少许
8. 香油少许
9. 儿童酱油少许

巧厨有妙招

宝宝的饮食一定要清淡，因为丸子加了盐有滋味了，故汤里就不加盐了。

● 爱心离乳餐巧制作

① 冬瓜去皮、瓤，洗净后切成小块；葱姜碎放入小碗中，倒入开水浸泡，即成葱姜水。

② 肉馅倒入盆里，加入葱姜水和食盐打匀，磕入一个鸡蛋继续顺一个方向搅打，将肉馅打上劲后加入淀粉拌匀。

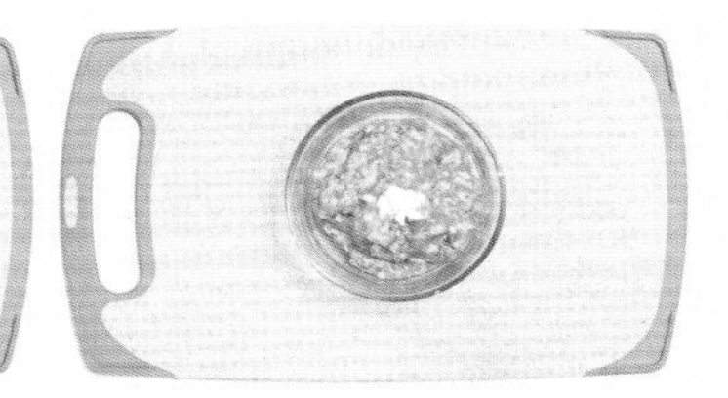

③ 锅内倒入开水，烧开后把冬瓜倒进去，煮至冬瓜断生。

④ 转中火，左手抓一团肉馅，从虎口挤出肉丸子，右手用勺子轻轻舀出肉丸，再顺着锅边下到锅里，煮到所有丸子全部漂起来，就说明熟了。

⑤ 将丸子汤盛入碗中，撒上葱花，淋入儿童酱油和香油即可。

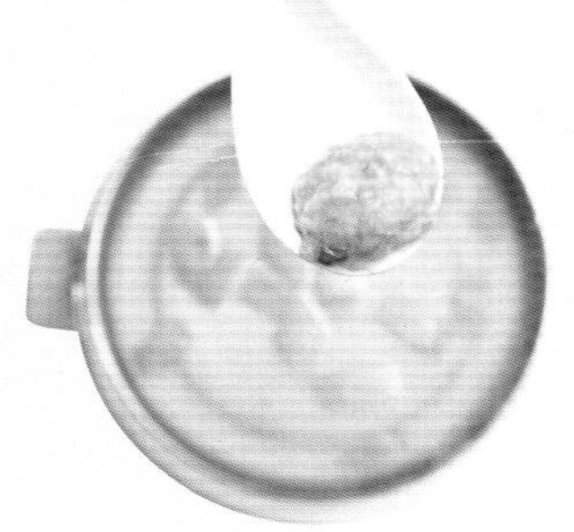

嫩滑全蛋羹

适合1岁半宝宝

巧厨有妙招

蒸蛋羹时调和蛋液的水一定要用凉白开，不能用生水，否则蒸出来的蛋羹有蜂窝，不平整。

● 准备离乳餐材料

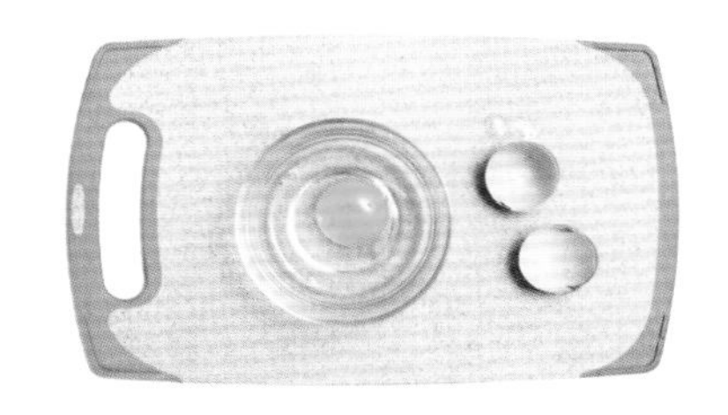

① 鸡蛋 1 个

② 儿童酱油少许

③ 香油少许

● 爱心离乳餐巧制作

① 鸡蛋磕入碗中，加入适量凉白开。

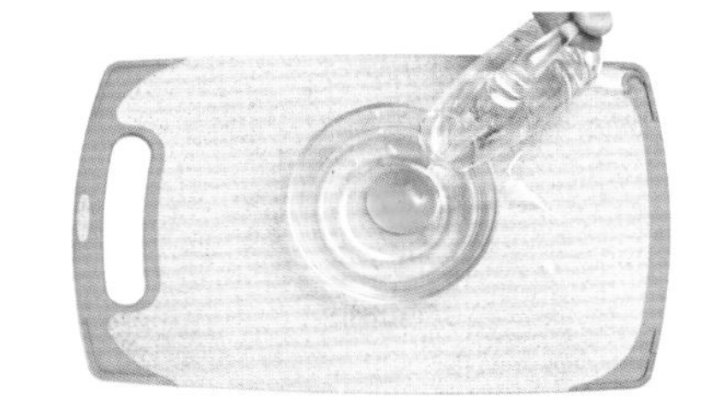

② 用打蛋器或者筷子搅打蛋液，直至蛋黄和蛋清均匀混合在一起。

③ 上蒸锅，大火烧开后转为中小火，蒸 8～9 分钟，见蛋液刚刚凝固即关火，闷 1 分钟。

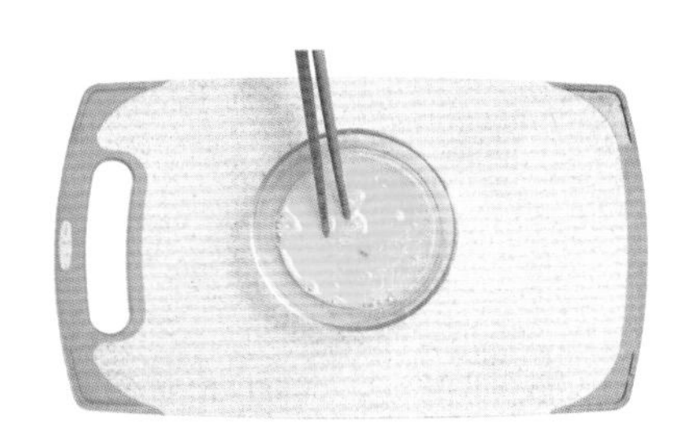

④ 淋上儿童酱油和香油，让小宝宝享受嫩滑的全蛋羹吧！

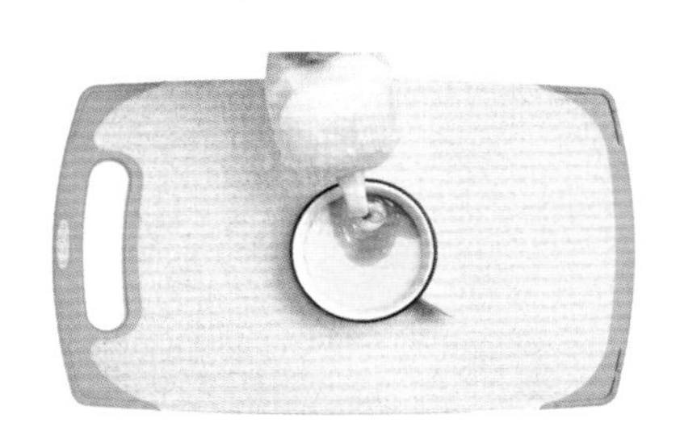

油菜玉米软饭

适合1岁半宝宝

巧厨有妙招

我这里选的是普通的玉米和豌豆，没有选罐装的，因为罐装的玉米和豌豆含糖量较高。即便是满1岁的宝宝，还是不建议主动给其吃甜食的。

● 准备离乳餐材料

① 大米适量
② 油菜 20 克
③ 玉米 50 克
④ 豌豆 30 克
⑤ 蘑菇 50 克
⑥ 高汤适量
⑦ 盐少许

● 爱心离乳餐巧制作

① 玉米、豌豆择洗干净；蘑菇、油菜洗净，用开水汆一下，分别切成小丁和碎末。

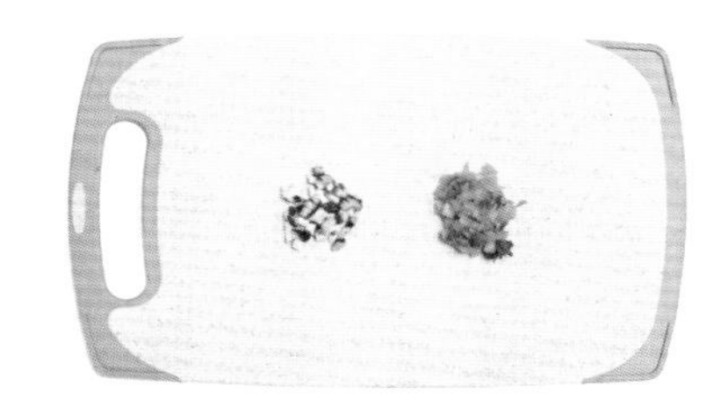

② 大米洗净，倒入电饭锅中，加入高汤、盐，在米饭上盖上豌豆、玉米和蘑菇丁，按“煮饭”键。

③ 等电饭煲跳至“保温“键后，将油菜碎倒入蒸熟的米饭中拌匀即可。

适合1岁半宝宝

北方人喜欢面食，更喜欢饺子，有“好吃不如饺子”的俗语。其实对于小宝宝来讲，我觉得嫩滑精致的馄饨更加适合。下面介绍的这款五仁小馄饨，采用肉、鱼、蔬菜等五种材料，荤素搭配，营养均衡，可以满足宝宝的多种营养需求！

巧厨有妙招

如果是给刚满1岁的宝宝吃，还可以把馄饨皮一切为四，包成迷你小馄饨，更方便食用！

● 准备离乳餐材料

① 西蓝花 50 克
② 干香菇 50 克
③ 胡萝卜 80 克
④ 瘦肉馅适量
⑤ 大虾 3 个
⑥ 馄饨皮适量
⑦ 料酒少许
⑧ 盐适量
⑨ 紫菜少许
⑩ 香葱碎少许
⑪ 儿童酱油少许
⑫ 香油少许

● 爱心离乳餐巧制作

① 干香菇泡发后切块，西蓝花、胡萝卜洗净，切块。三种食材都放入蒸锅中，用大火蒸约 5 分钟。

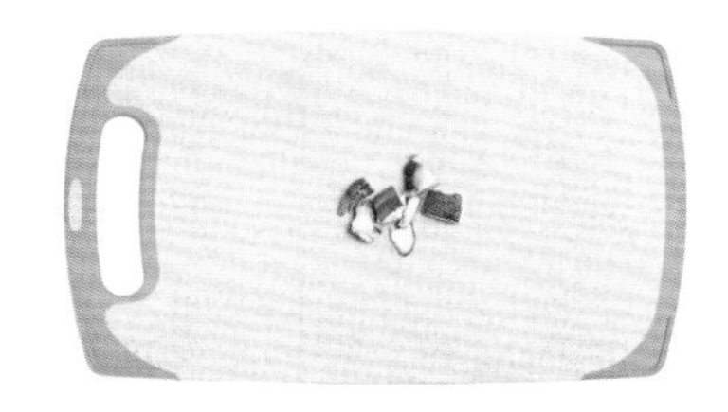

② 将蒸好的食材一同放入绞肉杯中打成末。

③ 大虾去壳、虾线，洗净后剁碎，与猪肉馅混合，加入料酒和盐拌匀。

④ 将上述所有材料混合，即成馄饨馅。

⑤ 用馄饨皮包入馅料做成馄饨，下锅煮熟，连汤盛入碗中，加入紫菜、香葱碎、儿童酱油、香油即可。

香煎蔬菜虾仁饼

适合1岁半宝宝

巧厨有妙招

面糊最好略稀些，不然不好煎，且略稀的面糊煎好的饼口感较软。

● 准备离乳餐材料

① 面粉适量
② 青菜少许
③ 大虾仁适量
④ 鸡蛋 1 个
⑤ 盐适量

● 爱心离乳餐巧制作

① 青菜洗净切碎；大虾仁去虾线，切成丁。

② 准备一个大盆，将面粉、青菜碎、虾仁丁和盐拌匀，然后加入鸡蛋和少许凉水，搅匀成面糊。

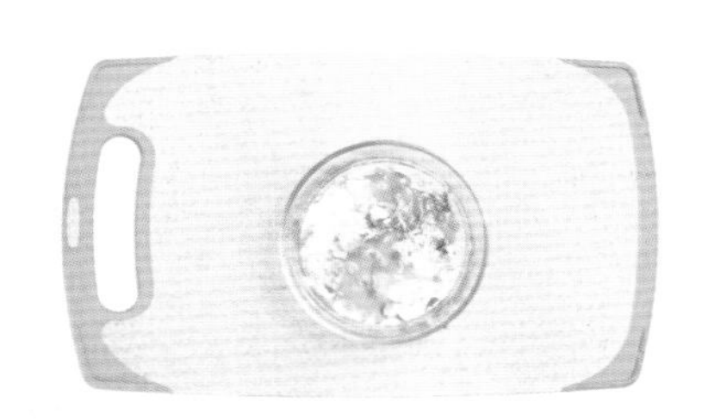

③ 平底锅放入少许油烧热，倒入适量面糊，轻轻晃动平底锅使饼薄厚一致，待略定型后翻面，将两面都煎成金黄色即可。

牛肉金针菇软饭

适合1岁半宝宝

● 准备离乳餐材料

1 大米饭 1 小碗
2 豆腐 50 克
3 金针菇 50 克
4 紫菜 10 克
5 蚝油适量
6 盐少许

● 爱心离乳餐巧制作

① 豆腐洗净，切成小丁；金针菇洗净，去根，放入开水锅中烫熟；紫菜用清水泡开。

② 锅内放入少许油烧热，放入豆腐丁先炒一下，加入金针菇和大米饭翻炒均匀，然后加入蚝油和少许开水（鸡汤也可以），加盖焖。

③ 焖至米饭黏稠后加入盐和紫菜拌匀，出锅即可。

炒豆腐丁　加入米饭和金针菇

加入蚝油　加盐和紫菜

特别专题第六辑

——辣妈同步营养瘦身规划（5）

还在继续吃素、喝果汁？可以试试吃肉啦。多准备一些鸡胸肉、鲜虾等，都是高蛋白低热量的好食材，宝妈们在给宝宝做离乳餐的同时，可以顺手把多余的材料给自己做成瘦身餐，解馋的同时不必担心脂肪增加。

鸡胸肉莲藕沙拉

鸡胸肉是一种既能满足你对肉的渴望，又不会令你长胖的美妙食材，快来试试吧！

● 准备瘦身餐材料

① 鸡胸肉 200 克　② 莲藕 150 克
③ 生菜 3 片　④ 西红柿 1 个
⑤ 料酒适量　⑥ 盐适量
⑦ 千岛酱适量　⑧ 生抽适量
⑨ 黑胡椒碎适量　⑩ 橄榄油少许

● 辣妈瘦身餐巧制作

① 鸡胸肉洗净，用刀背拍松，放入盐、料酒、生抽和黑胡椒碎，腌制 15 分钟左右。平底锅放少许油烧热，放入鸡肉煎至两面呈金黄色，取出切成条。

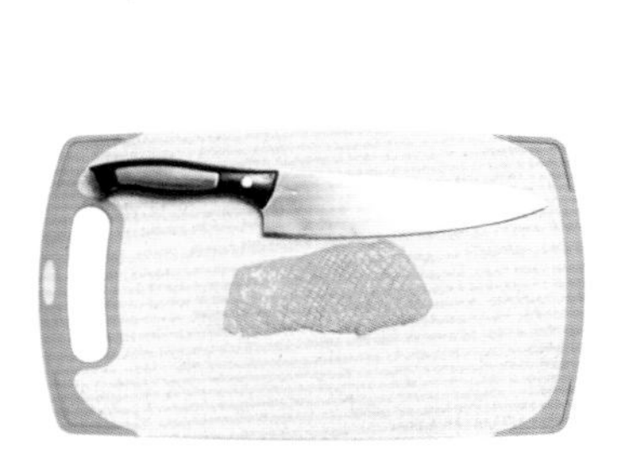

② 莲藕洗净，去皮，切成薄片，放入开水锅中汆 2 ～ 3 分钟后捞出。

③ 西红柿洗净，切成圆片。

④ 生菜洗净，沥干水，撕开放在盘中，摆上鸡胸肉、莲藕、西红柿片。

⑤ 食用时淋上千岛酱即可。

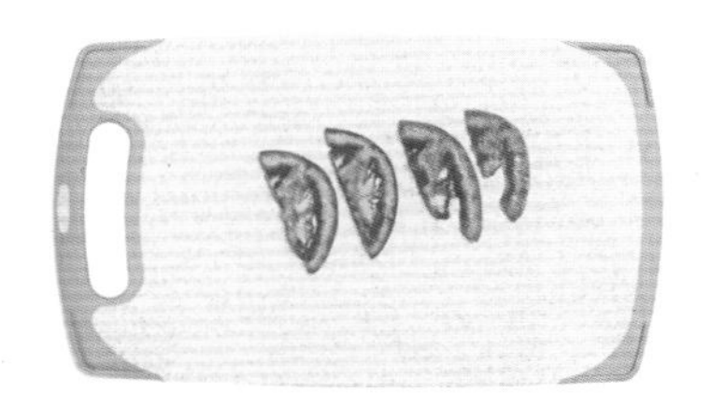

芝麻鲜虾沙拉

给宝宝买多了鲜虾不要紧，高蛋白低脂肪的鲜虾也很适合减肥期间的宝妈吃。配上芝麻，是因为哺乳期妈妈的皮肤和头发容易变得干燥，芝麻中的维生素E可以有效改善肌肤状况，并有乌发亮发的功效。

准备瘦身餐材料

1. 鲜虾5个
2. 生菜3片
3. 圣女果3～5颗
4. 熟芝麻10克
5. 橄榄油适量
6. 柠檬汁适量
7. 果醋适量
8. 沙拉酱适量
9. 盐适量
10. 白糖少许

辣妈瘦身餐巧制作

1. 鲜虾去头、壳，挑去虾线，洗净，加少许柠檬汁去腥。
2. 平底锅倒入少许橄榄油烧热，将鲜虾煎至两面变红、虾身卷曲后盛出。

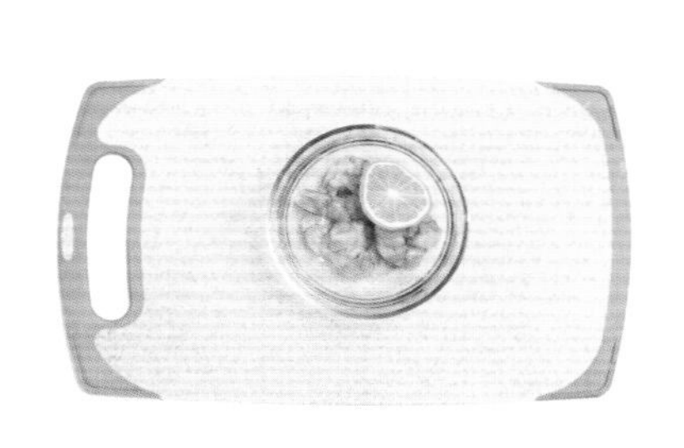

3. 生菜洗净，卷出造型，放在盘子中；圣女果洗净，一剖为二，放在生菜上。
4. 将鲜虾也放在生菜上，然后将果醋、盐、白糖调成汁，浇到盘中，挤上沙拉酱，最后撒上熟芝麻即可。

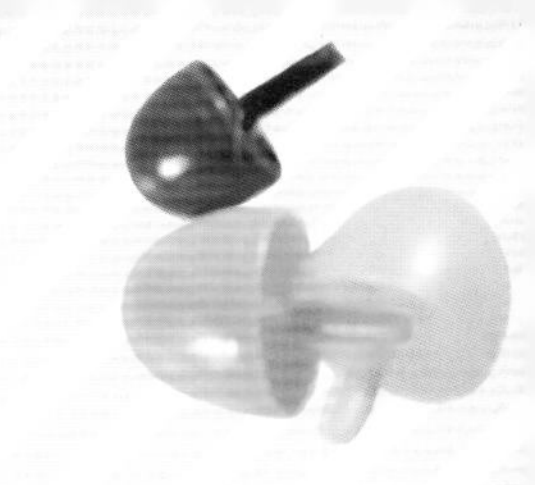

第七章

宝宝身体不舒服 妈妈巧做“病号餐”

“养儿方知父母恩”，道出了养孩子的不易。感冒发烧、闹肚子、头疼脑热、上火、便秘……小宝宝总免不了有这样或那样的身体不适，父母很是着急。其实，对于小宝宝的常见小病，不必总往医院跑。跟着中医和婴儿营养师学做“病号餐”，吃对食物也能帮宝宝祛除病邪！

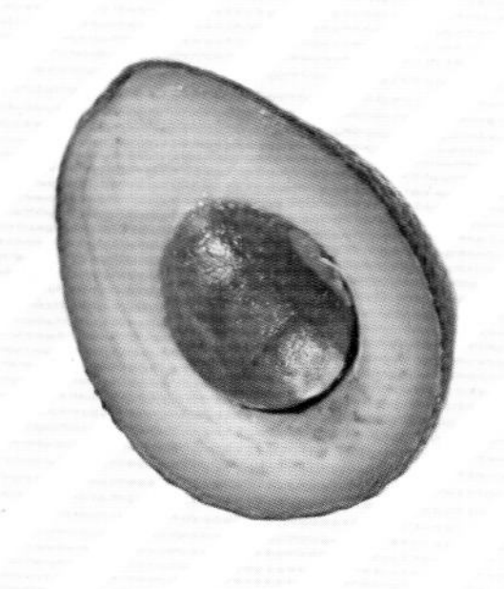

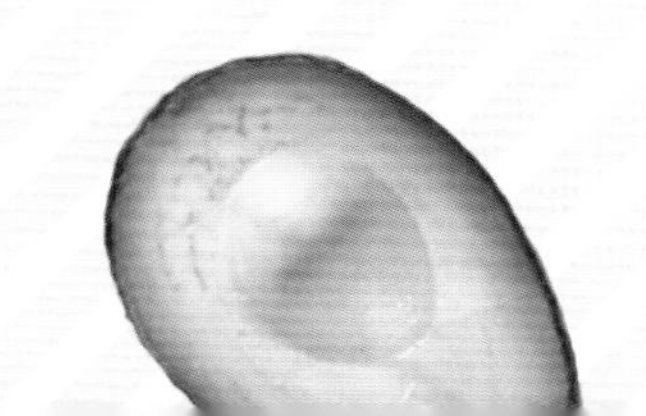

宝宝拉肚子了

拉肚子对正急于瘦身的妈妈来讲，可能是一件令人欣喜的事情，但宝宝拉肚子就不是那么回事了。比如宝宝秋季腹泻，令很多妈妈焦头烂额，心疼不已。记住一句话：宝宝拉肚子要及时处理，否则，会出现更严重的后果。

引起宝宝腹泻的原因很多，症状也略有不同：

腹部受凉型腹泻	宝宝每日大便超过 4 次，便便呈稀烂状，一般无其他症状伴随。
消化不良型腹泻	宝宝每日大便超过 3 次，便便中常伴有未消化的食物或泡沫，气味很臭，常伴有腹胀、肠鸣。
肠胃型感冒腹泻	如果宝宝患了肠胃型感冒，也会出现腹泻的症状，稀便、腹胀等症状较轻，伴有流鼻涕、鼻塞、咳嗽等感冒症状。
食物过敏型腹泻	宝宝的大便颜色呈黄绿色或稀黏的黄色，严重的会带有血丝样红色便，有可能发展为痢疾、肠炎。
病毒感染型腹泻	宝宝每日大便超过 5 次，便便呈黄稀水或蛋花汤状，多伴有发热、呕吐、腹痛等症状。
细菌感染型腹泻	宝宝每日大便 5 次以上，腹泻前有阵发性腹痛，肚子“咕噜”声增多，常伴有发烧、精神差、全身无力等。

妈妈可以这样做

☞ 注意卫生，给宝宝餐具做好消毒。平时宝宝的餐具、玩具都应该及时消毒，腹泻期间更要如此，避免细菌感染，腹泻反复。

☞ 喂宝宝温开水。宝宝无论是水样大便，还是呕吐、发烧，身体内丢失的水分都比平时多很多，所以要给宝宝及时补充温开水。

☞ 喂服妈咪爱、乳酶生、多酶生。0～1岁半的宝宝，尤其是未满1岁的宝宝，大多数会是消化不良引起的腹泻。如果是轻度腹泻，给宝宝喝些妈咪爱或益生菌乳酶生、多酶生就可以了。如果腹泻严重请及时就医。

☞ 在儿科医生指导下，给宝宝饮用口服补液盐（ORS），医院和大药房都有卖，可以预防和缓解因腹泻引起的脱水。

宝宝腹泻时哺乳妈妈的饮食细节

☞ 忌食生冷食物以及凉性的果蔬。在哺乳期间，如果妈妈吃了黄瓜、苦瓜、西瓜等凉性的果蔬，或者喝了冷饮，这些食物的蛋白质会通过母乳传递给宝宝，导致宝宝腹泻或腹泻加重。

☞ 忌食油腻、辛辣的食物。排骨汤、猪蹄汤这些常被用来下奶的汤水较油腻，会加重乳母的内热，导致宝宝上火，同时会刺激宝宝的肠道，致其腹泻加重。

☞ 忌食甜食、巧克力。这些食物通过乳汁传给宝宝，会引起宝宝消化不良，进而导致腹泻。

☞ 忌运动后立即喂奶。宝妈锻炼或大量运动后，体内会产生大量乳酸，通过乳汁传给宝宝，也会导致宝宝腹泻。

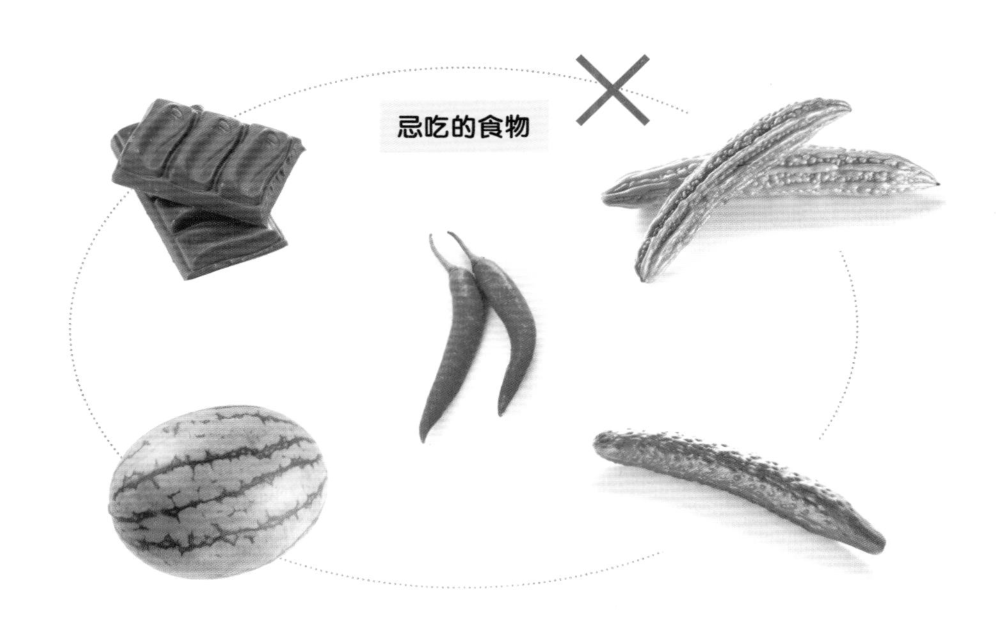

宝宝腹泻时，乳母应控制好饮食，辛辣刺激以及过于甜、腻或生冷的食物均不宜食用。

苹果可谓宝宝餐桌上的“水果医生”，生苹果有软化大便、缓解便秘的作用，熟苹果却有收敛、止泻的功效。这是因为苹果中的鞣酸经过热处理后具有止泻功能，成为肠道的收敛剂。所以，宝宝刚开始腹泻时，最简单有效的办法就是吃蒸苹果。

做法：苹果洗净，去蒂、核，纵向切成橘子瓣状，然后上锅蒸，大火烧开后转中火再蒸 5 分钟，盛出来晾温喂宝宝吃就可以了。

【宝妈看过来】

将蒸熟的苹果研成泥，适合喂给小月龄的宝宝。

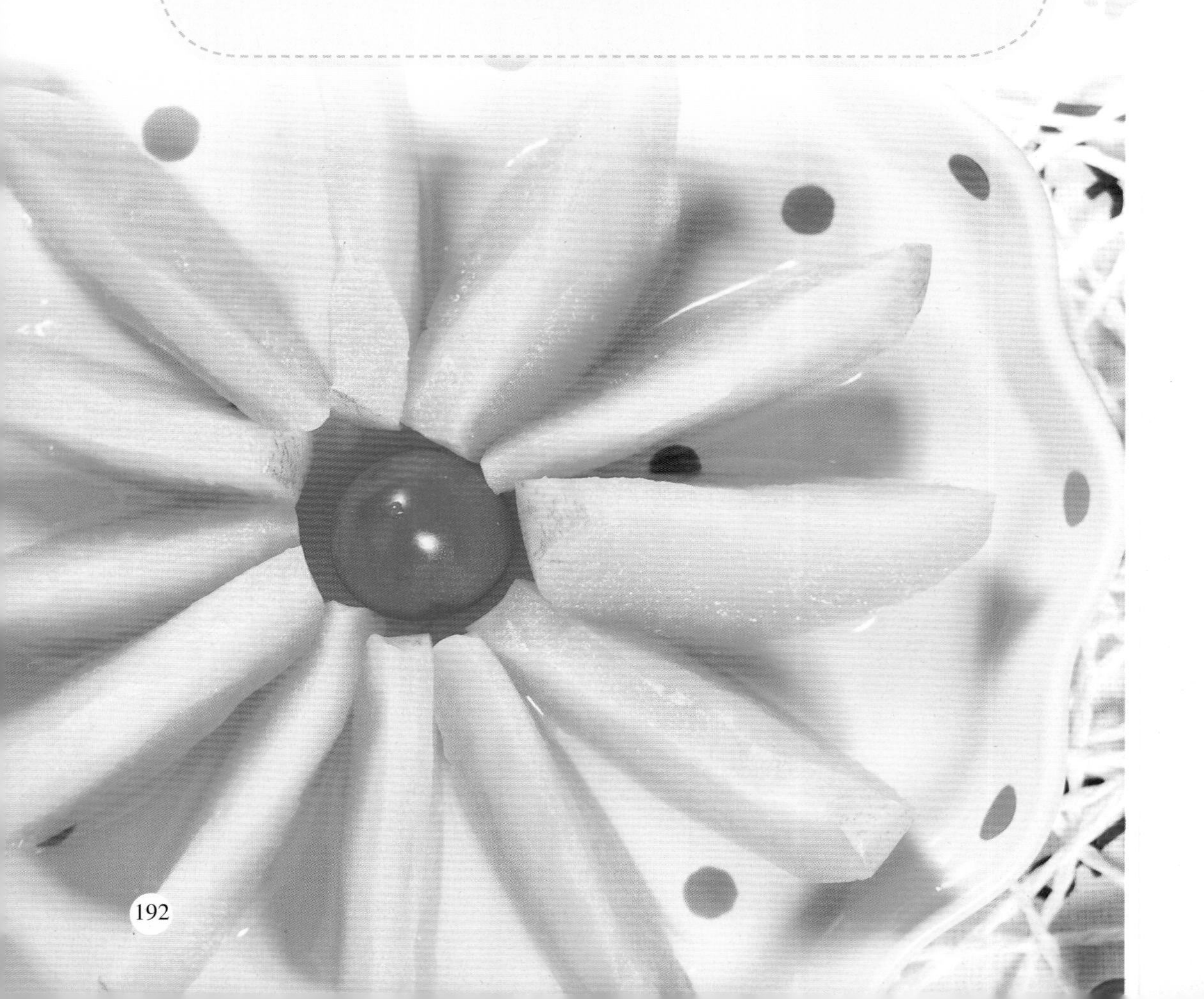

宝宝五天没有便便了

宝宝五天没有便便，肯定是便秘了，怎么办呀？

“好几天没有大便”，这是很多妈妈对便秘的第一印象。其实这种判断是不准确的，尤其是低月龄的宝宝，不能单纯靠多长时间未排便来判定宝宝便秘与否。妈妈们必须知道：母乳喂养的宝宝不一定每天都会排便，比如 6 月龄以内纯母乳喂养的宝宝，可能十天才排便一次，但大便质地较软，宝宝吃得好、喝得好、睡得好、精神好，则不属于便秘。通常奶粉喂养的宝宝，或者宝宝添加辅食后，更容易便秘。

怀疑你的宝宝便秘了？请看是否有以下症状。

- 宝宝肚子很硬
- 宝宝排便很困难，看起来很用力
- 宝宝的便便很干，很硬，或呈小球状，即俗称的“羊粪蛋”
- 宝宝大便很臭，平时打嗝也有味儿
- 宝宝不爱吃饭，或因此哭闹或生气

如果你的宝宝确实存在以上症状，才有可能是发生了便秘。如果宝宝不哭闹，发育良好，妈妈就不必担心，宝宝会自己慢慢调整过来。当然，适当的按摩、食疗等调理更有利于缓解便秘症状。

妈妈可以这样做

☞ 给宝宝包裹尿布时辅助宝宝做简单排气操，比如让宝宝模拟骑自行车的姿势蹬几下腿、顺时针按摩肚脐周围。

☞ 如果宝宝喝奶粉，可在两餐之间给宝宝喝些水，但不要用过多的水冲泡奶粉。因为自来水中的钙盐在肠道中会与奶粉中的脂肪酸结合形成钙皂，使粪便变得干、硬、易碎。

☞ 如果宝宝已经开始吃固体食物，可以多给宝宝喝水或稀释过的无糖果汁。

哺乳期妈妈的饮食细节

哺乳期内，如果宝妈的火气大，火气也会通过母乳传递给宝宝，从而导致宝宝上火或便秘。所以宝妈必须放松心情，饮食以清淡为主，忌食辣椒、胡椒、桂圆、橘子等容易引起上火的食物。

宝宝发生轻度便秘时，可以给他吃能缓解便秘的离乳辅食来调理，比如捣碎或磨碎的火龙果、梨、苹果、草莓等富含膳食纤维的水果。如果食疗症状没有得到缓解，或者便秘比较严重，就要去医院就诊了，一般儿科医生会开具口服的益生菌或乳果糖，或者外用的甘油栓剂来缓解便秘。

给小月龄的宝宝缓解便秘，最简单有效的办法就是喂食火龙果泥，因为火龙果果肉中含有丰富的维生素和水溶性膳食纤维。

勺挖法：火龙果洗净，一剖为二，用勺子轻轻挖果泥给宝宝吃。

榨汁机搅碎法：将火龙果切成小块，和少许水一起倒入搅拌机中搅拌成糊状。

【宝妈看过来】

添加辅食的最初阶段最好不要给宝宝喂容易引起便秘的食物，比如米饭或香蕉。号称通便专家的香蕉，其实纤维素含量明显低于火龙果和梨，且没有熟透的香蕉含有较多的鞣酸，对消化道有收敛作用，反而会抑制肠胃蠕动。

宝宝受凉感冒了

小宝宝的呼吸道特别娇嫩，一旦遇到天气变凉，或者空调气温过低，或者睡觉时凉到小肚子，就会感冒。受凉引起的感冒，中医称之为风寒感冒。

有些妈妈不会区分风寒感冒和风热感冒，担心用错食疗方或用错药。其实风寒感冒最典型的特征就是怕冷、流清鼻涕。当然，儿科医生说的风寒感冒症状，会更准确。

怀疑你的宝宝受凉患了风寒感冒？请看是否有以下症状。

- 鼻塞、咳嗽
- 打喷嚏、流清鼻涕
- 怕冷，时不时打冷战
- 痰白而清稀，舌苔也发白
- 头疼，低烧（37.2℃～37.5℃）

妈妈可以这样做

☞ 当宝宝醒着时，随时摸摸其手脚和后脖颈是否温暖，如果不够温暖要立刻加衣。

☞ 睡觉时给宝宝盖稍厚一些的被子，让宝宝微微出汗（不要出大汗），使身体里的风寒邪气随汗液排出体外。

☞ 如果宝宝鼻塞，分两种情况处理：①鼻塞，可看见鼻涕痂或稠鼻涕。用小滴管将 0.65% 的生理盐水吸出来（也可以用棉签蘸取），滴 1 ～ 2 滴到宝宝的鼻腔中，刺激宝宝的鼻子，让他打喷嚏，清除了鼻腔分泌物，鼻塞就能得到缓解。②鼻塞，但看不到鼻涕痂或鼻涕。将拇指和食指搓热，按摩宝宝的迎香穴，宝宝鼻子有酸胀感时松开，接着再按，直至鼻塞症状缓解。

☞ 让宝宝多喝水，多休息。多喝水利于宝宝身体里的病毒随尿液排出体外，促进感冒痊愈；多休息利于机体进行自我修复。

鼻滴生理盐水

按摩迎香穴

哺乳期妈妈的饮食细节

6 月龄以内的宝宝一般不会患病，如果不小心受凉感冒了，也不建议宝宝吃药或食疗，可以通过多喝母乳（最好是前奶）、适当喝温水来慢慢调理。哺乳的妈妈喝红糖姜水或葱白姜水，对宝宝的感冒也有一定的缓解作用，因为葱白和姜都有疏通气血的作用。

红糖姜水

提到风寒感冒，不得不提被老辈人视为能包治百病的“神水”—— 红糖姜水。其实不仅仅是感冒，发烧、肚子痛、胃疼等，都可以喝红糖姜水调理。做法超简单：生姜丝一小撮，与适量红糖一起放入锅中，加水煎煮，水开后熬制 10 分钟，去渣取汁，饮用量根据宝宝月龄的奶量来定。红糖温中活血，生姜发汗解表，风寒感冒初期饮用红糖姜水，效果非常显著，一般 1 ～ 2 天就可基本痊愈。

宝宝患风热感冒了

风热感冒多见于夏秋两季，是由于风热之邪侵犯体表，使肺气失和所致。风热感冒的症状和风寒感冒有很大的不同，简单四步就能判断出小宝宝是患了风寒感冒还是风热感冒。

	鼻涕	咽喉	痰和舌苔颜色	是否想喝水
风寒感冒	清鼻涕	不红肿	白色	口渴喜喝热饮，或口渴却不想喝水
风热感冒	黄浓鼻涕	肿痛	黄色	口干舌燥，喜喝凉饮

上面四步是中医判断风寒感冒和风热感冒的重要指标。简单来讲，就是风寒感冒，宝宝怕冷；风热感冒，宝宝热症明显，比较严重的患儿还会出现咳黄痰、便秘、尿液发黄等症状。

风热感冒的症状，热象非常明显。

- 宝宝发热重，头胀痛，有汗
- 咽喉红肿、疼痛
- 咳嗽，咳黄痰
- 鼻塞，流黄鼻涕
- 舌红苔黄，口渴欲饮

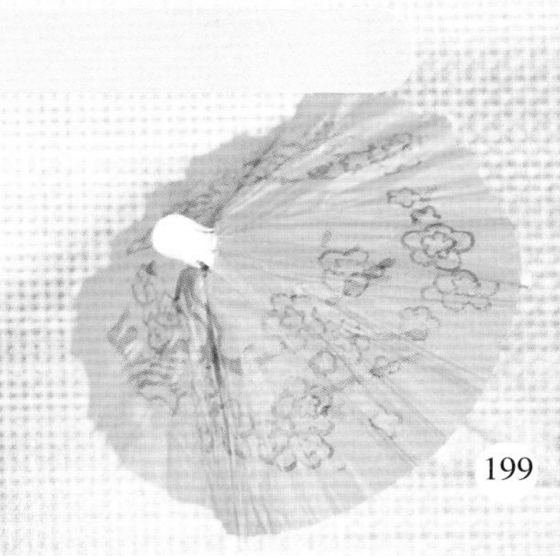

妈妈可以这样做

☞ 随时给宝宝降温。风热感冒的宝宝发热重，故建议每隔 1 个小时就给宝宝测一下体温，如果体温在 38.5℃以下，采用温水擦拭、贴退热贴等物理方式降温；如果体温超过 38.5℃，需遵医嘱服药。3 个月以上的宝宝，退烧药首选对乙酰氨基酚；6 个月以上的宝宝，可选择布洛芬混悬液。

☞ 让宝宝少量多次饮水。未添加辅食的宝宝，多喝母乳；已经添加辅食的宝宝，可以喝温开水或者具有清热作用的绿豆汤、西瓜汁等，一定要喝温的，不可以喝凉的。

☞ 让宝宝多休息。宝宝感冒后会身体乏力、懒动，就要让他多休息，减少户外活动，因为机体的自我修复需要在全身放松的状态下进行。

哺乳期妈妈的饮食细节

哺乳期间，妈妈和宝宝的感冒容易相互传染。无论是哺乳的妈妈还是宝宝患了风热感冒，都建议妈妈多喝点具有清热解毒功效的汤汤水水。儿科专家推荐用金银花泡水喝；如果嗓子疼，可以用蒲公英泡水喝。两者都有清热解毒、驱风散热的作用，可以缓解因风热感冒引发的头胀痛、咽喉肿痛等症状。

蒲公英

金银花

风热感冒的宝宝，喝菊花水和薄荷粥效果最佳，而且甜甜凉凉的，小宝宝也更容易接受。建议宝宝刚患风热感冒时即服，一般一天饮用两次，连服2～3天，效果奇佳。

薄荷粥

薄荷15克，大米50克，婴儿葡萄糖适量。将薄荷放入砂锅中煎煮，去渣取汁，放凉；大米淘洗干净，加水煮粥，待粥将熟时加入薄荷汁及婴儿葡萄糖，再煮1～2分钟即可。

宝宝咳嗽了

咳嗽也是小宝宝最常见的病症之一。有些妈妈认为，感冒和咳嗽是并存的，感冒就会咳嗽，咳嗽就是感冒了。不否认感冒多半会引发咳嗽，但很多命题并非反过来亦成立，也就是说，咳嗽不单单是由感冒引起的。

宝宝咳嗽了？分清咳嗽的原因再想对策。

普通感冒引起的咳嗽

宝宝发出一声声刺激性咳嗽，开始时无痰，随着感冒加重出现咳痰，常伴有流鼻涕、嗜睡、低烧等症状，感冒症状消失后，咳嗽仍持续 3 ～ 5 天。

流感引起的咳嗽

宝宝咳嗽声有嘶哑感，并逐渐加重，痰由少至多，由稀变浓，常伴有反复发烧，持续 3 ～ 4 天，呼吸急促，精神差，食欲不振等。

过敏性咳嗽

持续或反复发作的剧烈咳嗽，多呈阵发性咳嗽，夜间咳嗽加重，痰液稀薄，呼吸急促，常伴有鼻塞、打喷嚏、皮肤长疹子等过敏症状。

肺炎咳嗽

咳嗽持续时间长，超过 1 周，严重的咳嗽时可能会出现气喘、憋气、口周青紫等，常伴有发热、呕吐、腹泻、呼吸急促等症状。

妈妈可以这样做

☞ 给宝宝多喝温开水。无论是哪种咳嗽，让宝宝适当多喝一些温开水，都有利于清理呼吸道，缓解咳嗽。注意不要让宝宝一次性大量饮用，可少量多次喂给宝宝。

☞ 坚持清淡饮食。保持清淡饮食，避免辛辣、油腻或甜的食物刺激喉咙。

☞ 注意室内的温度和湿度。宝宝所在的空间温度过高或过低，室内太干或湿气过重，都不利于咳嗽的痊愈。有宝宝的家庭，建议家里准备一个温度计和一个湿度计，或者合二为一的温湿度计，给宝宝的卧室保持适宜的温度和湿度。

☞ 睡觉时把宝宝头部抬高。平躺时宝宝鼻腔内的分泌物很容易流到喉咙下面，引起喉咙发痒，导致宝宝咳嗽加剧。头部抬高可以减少鼻腔分泌物后流，减轻睡眠中咳嗽症状。

☞ 严重咳嗽要及时就医。如果宝宝咳嗽严重，并伴有呼吸困难、呕吐、喘鸣等症状，可能是肺炎或支气管炎引起的咳嗽，建议立即就医。

哺乳期妈妈的饮食细节

如果宝宝咳嗽，哺乳妈妈在饮食上要忌吃辛辣刺激的食物，少吃生冷食物，坚持清淡饮食，多喝水，保证奶水温润不燥，减少对宝宝的刺激。除了妈妈的饮食需注意细节外，宝宝也应该注意清淡饮食，即便加了固体辅食，仍建议咳嗽阶段尽量采取以半流质食物为主，并多吃蔬果。忌给宝宝吃油腻、过咸、过甜的食物，也不能让宝宝吃得太饱。

咳嗽期间吃什么？很多妈妈都知道选择雪梨、百合、川贝、罗汉果。是的，用这些材料做成甜甜的羹汤，宝宝爱吃又镇咳。

川贝罗汉果雪梨羹

雪梨洗净，在距柄部 1/3 处横切一刀，将梨分成一大一小两块，大的部分用勺子把中间挖出一个洞，做梨盅，小的部分做盅盖；把 1/2 个罗汉果掰碎，塞入梨盅里，再把 1 克川贝粉倒在里面，最后放入冰糖，盖好盖子，在盖子边缘自上而下扎几根牙签固定好，置于一个大碗中，放入烧开水的蒸锅中，隔水蒸 30 分钟即可。

宝宝患湿疹了

婴儿湿疹是未满1岁宝宝最常见的皮肤病症之一。通常在宝宝出生1～3个月间，有些宝宝的面部皮肤会出现小红丘疹或红斑，随着病情的进展，面部红斑会逐渐增多，甚至蔓延到颈部、肩部、躯干和四肢，有痒感，故宝宝会抓挠继而引发感染，使红疹溃烂，有明显的黄色渗液或黄白色浆液性结痂。这就是婴儿湿疹，俗称奶癣。

宝宝患了湿疹，分清症状和原因方可对症治疗。

奶癣型湿疹

多见于双侧面颊、下巴，可见对称性小米粒大小的红色丘疹，片状糜烂，严重者会蔓延至耳后、颈部。由于湿热、流涎、局部护理不当所致。

尿布疹

发生在尿布区域或肛周的婴儿湿疹，位于尿布区域的边界，可见清楚的弥漫性红斑、丘疹、丘疱疹及鳞屑。

接触性皮炎

有接触史，皮肤损害发生于接触部位，边界清楚，可进行斑贴试验鉴别。

念珠菌感染

为淡红色斑片及扁平小丘疹，边缘隆起，边界清楚，边缘可有少量鳞屑，常伴有鹅口疮的出现。

妈妈可以这样做

☞ 保持皮肤清洁湿润。应坚持每天给患儿用 38℃的温水洗澡，尤其是患处，保持皮肤清洁和湿润。清水清洗即可，尽量不用化学洗浴用品。及时给患儿用一些不会致敏的保湿霜，起到保湿作用。

☞ 避免患儿抓挠。尽量避免患儿搔抓和摩擦；宝宝衣着宜宽松，不宜太厚，穿棉质衣物，避免接触毛织、化纤衣物。

☞ 局部治疗。医院和育婴店都有婴儿湿疹膏出售，可以采取局部涂抹抗生素软膏进行消炎治疗，但软膏类型和用量要咨询专业儿科医生，避免长时间大剂量应用。

☞ 避免过敏原。最好能找到并避免过敏原。比如临床研究发现，有相当一部分婴儿湿疹是因为牛奶或蛋白过敏引起的，故配方奶粉喂养的宝宝要换食氨基酸配方奶粉或深度水解蛋白配方奶粉；母乳喂养者则妈妈和宝宝都要禁食含致敏蛋白的食物。

哺乳期妈妈的饮食细节

哺乳妈妈要忌食辛辣、燥热的食物和鱼类、牛羊肉等发物，也不宜吃易引发过敏的鱼、虾、蟹等，以降低母乳中的致敏成分。

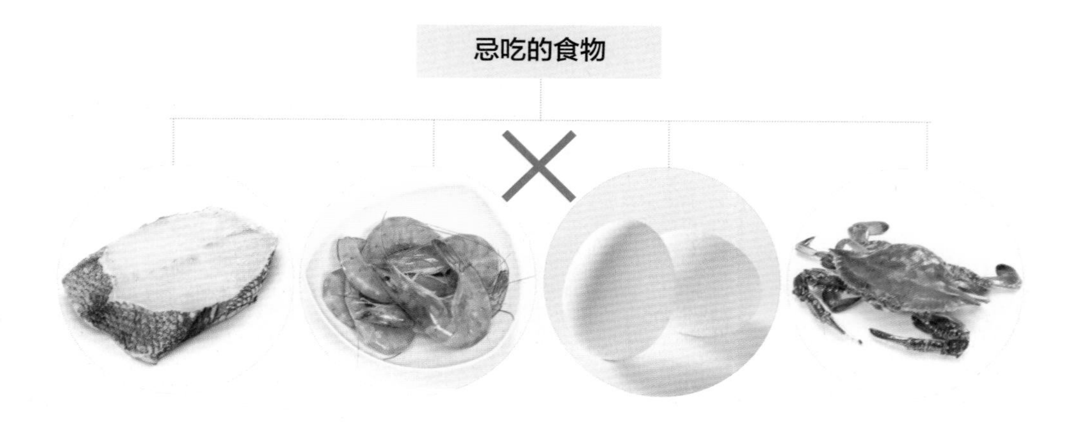

引起婴儿湿疹的原因除了局部皮肤护理不当之外，和妈妈、宝宝的饮食也息息相关。尤其是6月龄以后开始增加辅食的宝宝，宝妈和宝宝都要避免进食可能引起过敏或加重湿疹的食物，多吃具有清热祛湿和健脾养胃功效的食材。

这里为大家推荐一款可以健脾利湿、缓解湿疹症状的黑加仑果味冬瓜球，妈妈们快来给患湿疹的宝宝试试吧！月龄较小的宝宝只能喝汤汁，故制作的时候可使汤汁多一些；年龄稍大的宝宝可吃果肉，汤汁和果肉的比例就可以随意调整了。

黑加仑果味冬瓜球

材料：冬瓜800克，黑加仑500克，蓝莓酱、苹果醋、婴儿葡萄糖各少许。

做法：

1. 黑加仑洗净，放入搅拌机中榨成汁，倒入保鲜盒中，再加入少许蓝莓酱、苹果醋和婴儿葡萄糖，搅拌均匀。

2. 冬瓜洗净，削皮去瓤后用挖球器挖成小球形，放入热水锅中煮熟，捞出晾凉。

3. 将煮好的冬瓜球放入黑加仑汁内，盖严保鲜盒，放入冰箱冷藏 2 小时左右。

4. 取出保鲜盒，将冬瓜球从黑加仑汁中取出，静置回温至室温即可食用。

宝宝上火了

妈妈们可能会发现，小宝宝特别爱出汗，也特别易上火，稍微不注意就会出现眼屎、鼻涕痂，口干舌燥，严重些还会便秘、口舌生疮。中医理论认为，火即是热。不同症状，代表不同脏腑的热，调理和治疗方式也有所不同。

宝宝上火了，脏腑有热分辨清。

肝火热

表现：眼屎多，脾气差，目赤肿痛或目涩。对策：人卧则血归肝，帮助宝宝养成晚上11时之前入睡的好习惯，以养肝脏，侧卧位最好；可以榨些芹菜汁混到粥里喂宝宝。

肠火热

表现：腹痛下痢，里急后重，大便秘结或溏滞不爽，舌头黄腻。对策：给宝宝宜吃梨、藕、甘蔗等去火的蔬菜或水果。

心火旺

表现：舌尖红、长口疮或口腔溃疡，口干口苦。对策：多吃莲子、茭白、茄子等，做粥或蒸制。

胃火盛

表现：舌红苔黄且口臭，口腔溃疡，齿痛龈肿，大便干燥，口渴欲饮。对策：饭喂七分（只给宝宝吃七分饱）降胃火，喝点小米山药粥。

肺热

表现：发热，鼻干、鼻塞或流黄鼻涕，皮肤干燥，咳黄痰或干咳无痰、少痰。对策：保持宝宝居室空气洁净湿润，给宝宝喝点梨水、百合粥或藕汁。

妈妈可以这样做

☞ 如果是 6 月龄以内未加辅食的宝宝，哺乳妈妈要注意清淡饮食，多喝水；如果已添加辅食或以配方奶粉喂养为主，应多给宝宝饮温开水。

☞ 让宝宝多吃西瓜、梨、柚子等水分含量高且去火的水果，少吃荔枝、桂圆等温热性质的水果。

☞ 如果已经添加辅食，可以让上火的宝宝喝一些菊花水、酸梅汤、百合粥等。

☞ 如果是肠胃燥热引起的便秘，可多给宝宝吃含膳食纤维较多的小米、豆类等粗粮。

哺乳期妈妈的饮食细节

如果宝宝上火了，哺乳妈妈在饮食上一定要忌食辛辣、燥热、油炸、烧烤等食物。要多喝水，饮食清淡，作息规律，避免过度劳累。

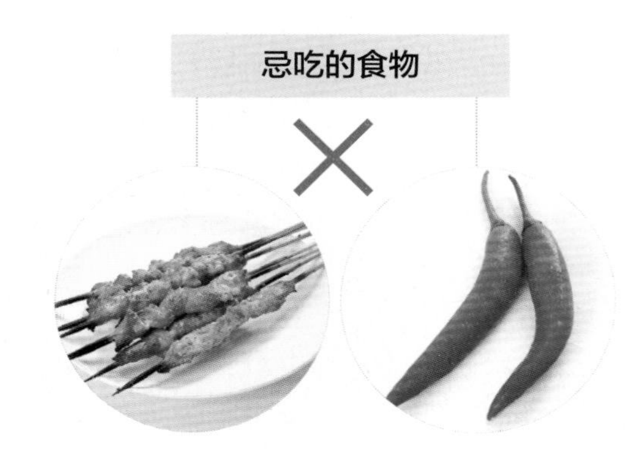

在吃母乳阶段，宝宝上火除了与自身体质有关外，还与宝妈的饮食密切相关。所以，下面这道“病号餐”，希望妈妈能和宝宝一起饮用。

绿豆水冲蛋花

鸡蛋磕入碗中，打散；绿豆1小把，洗净后放入清水中浸泡10分钟，然后放入冷水锅内煮，开锅后再煮5分钟，汤色变绿即关火；将滚烫的绿豆汤冲入蛋液碗中，稍微搅拌一下将蛋液烫熟成蛋花。妈妈饮用时加入适量白糖，宝宝饮用时加入适量婴儿葡萄糖，均为早晚各一次。

【宝妈看过来】

绿豆切勿煮过长时间，水开后再煮5分钟即可关火，此时的绿豆汤清热去火功效最好。如果绿豆煮开花了，则其汤解毒功效最强，但去火功效稍弱。

宝宝胃口差，不想吃饭了

宝宝偶尔会不爱吃饭，不爱吃奶，食欲很差。此时只要宝宝精神正常、睡得香、大小便正常，妈妈们就不用过于担心。但是，如果宝宝总是不好好吃饭，就要考虑是不是脾胃出了问题。宝宝脾胃虚弱，没有“力气”消化食物，食物积滞在胃里，宝宝不觉得饿，自然就不好好吃饭了。时间久了，摄入的营养不足，就会影响长个儿。

宝宝不好好吃饭，看看是不是脾胃功能欠缺。

- 面部皮肤发黄，有斑点
- 头发稀疏，颜色发黄
- 胃口差，不爱吃饭，只爱吃零食
- 身体消瘦，说话有气无力
- 大便干燥，3 ～ 4 天才排便一次
- 手脚冰凉，不爱活动
- 肚子总是胀胀的，不舒服

妈妈可以这样做

宝宝脾胃不好，妈妈除了想方设法为宝宝准备各种离乳餐外，还可以在日常调理上下功夫。比如腰腹部是脾胃在体表的对应区，妈妈们经常给宝宝按摩这些位置，也有调节脾胃的作用。

☞ 推三线健脾胃。宝宝平躺在床上，妈妈双手搓热，推拿宝宝腹部的三条线。一条是从胸廓下的剑突位置一直到肚脐再到小腹；另外两条是从乳头下方直到小腹的两侧。每条线从上至下推 6 次。

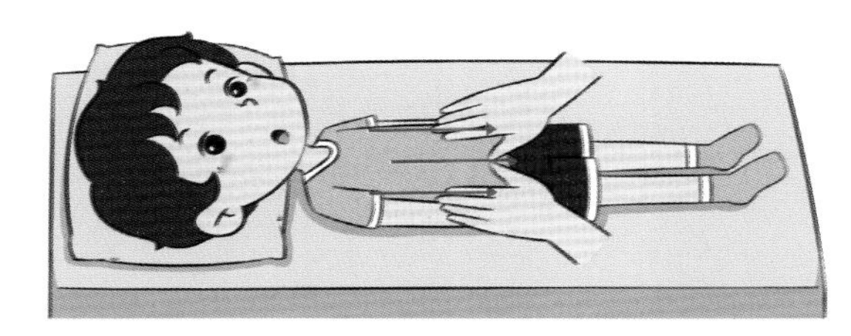

☞ 推按上下腹。宝宝平躺在床上，妈妈双手搓热，分别放在宝宝的上腹部，自上而下向肚脐方向推按，连续推按 5～10 次。

宝宝的饮食细节

☞ 多吃甘味食物。中医认为“甘味入脾”，这里说的“甘”可不是含糖的甜食，而是淀粉类食物。淀粉类食物进入体内后，经过一系列反应会转化为糖分，给宝宝的脾胃提供动力，促进肠胃蠕动。米、面、土豆、山药等都是淀粉的良好来源，尤其是用面粉发酵做成的馒头、包子、面包等，补脾力量最足。

☞ 口味清淡，肠胃舒心。脏腑娇嫩是宝宝最大的生理特点，油腻、厚味、辛辣等食物，都会直接刺激宝宝本来就娇嫩的肠胃，故给宝宝的离乳食品口味一定要清淡。未满 1 岁的宝宝，食谱中最好不加糖、盐等作料；满 1 岁的宝宝，也要坚持低盐、低糖、低作料的至简食谱原则。

☞ 宜温不宜凉。即便是夏季，也尽量给宝宝喝温水、吃温热的食物。

对付不爱吃饭的宝宝，我的窍门是从造型上吸引他的眼球，靠香味“勾出”他的馋虫。比如这款山药紫薯泥。

材料：紫薯 2 个，铁棍山药 1 根，婴儿葡萄糖 30 克，配方奶粉 50 克，淡奶油 50 克。

做法：

1. 用厨房纸巾将紫薯包裹 2 ～ 3 层，外边用水打湿，以纸湿但不滴水为度，放入微波炉用高火加热 3 分钟左右，翻面，再用高火加热 3 分钟即可。
2. 在烤紫薯的间隙洗净山药，掰成 10 ～ 15 厘米长的段，然后用包裹紫薯的方法包裹山药，同样用微波炉高火挡将山药两面都加热 1 ～ 2 分钟。
3. 紫薯去皮，放入搅拌机中，加 10 克婴儿葡萄糖、30 克配方奶粉、30 克淡奶油，搅成泥；山药去皮，放入搅拌机中，加 20 克婴儿葡萄糖、20 克配方奶粉、20 克淡奶油，搅成泥。
4. 把紫薯泥和山药泥分别装入裱花袋，先将山药泥挤入玻璃杯中，再将紫薯泥挤在山药泥上。冰激凌一般的造型，宝宝是不是一眼就喜欢上了？

宝宝不爱吃饭，究其原因与脾胃功能下降有很大关系。这里给妈妈们推荐一款健脾益气、补虚养胃的奶茶——茯苓奶茶，对脾胃虚弱而厌食的宝宝有较好的调理作用，建议每天早晚各喝一次。

具体做法是：取茯苓 15 克，研为细粉，用少量凉白开化开。将配方奶粉用温开水冲泡，取 100 毫升，调入化开的茯苓粉即可。

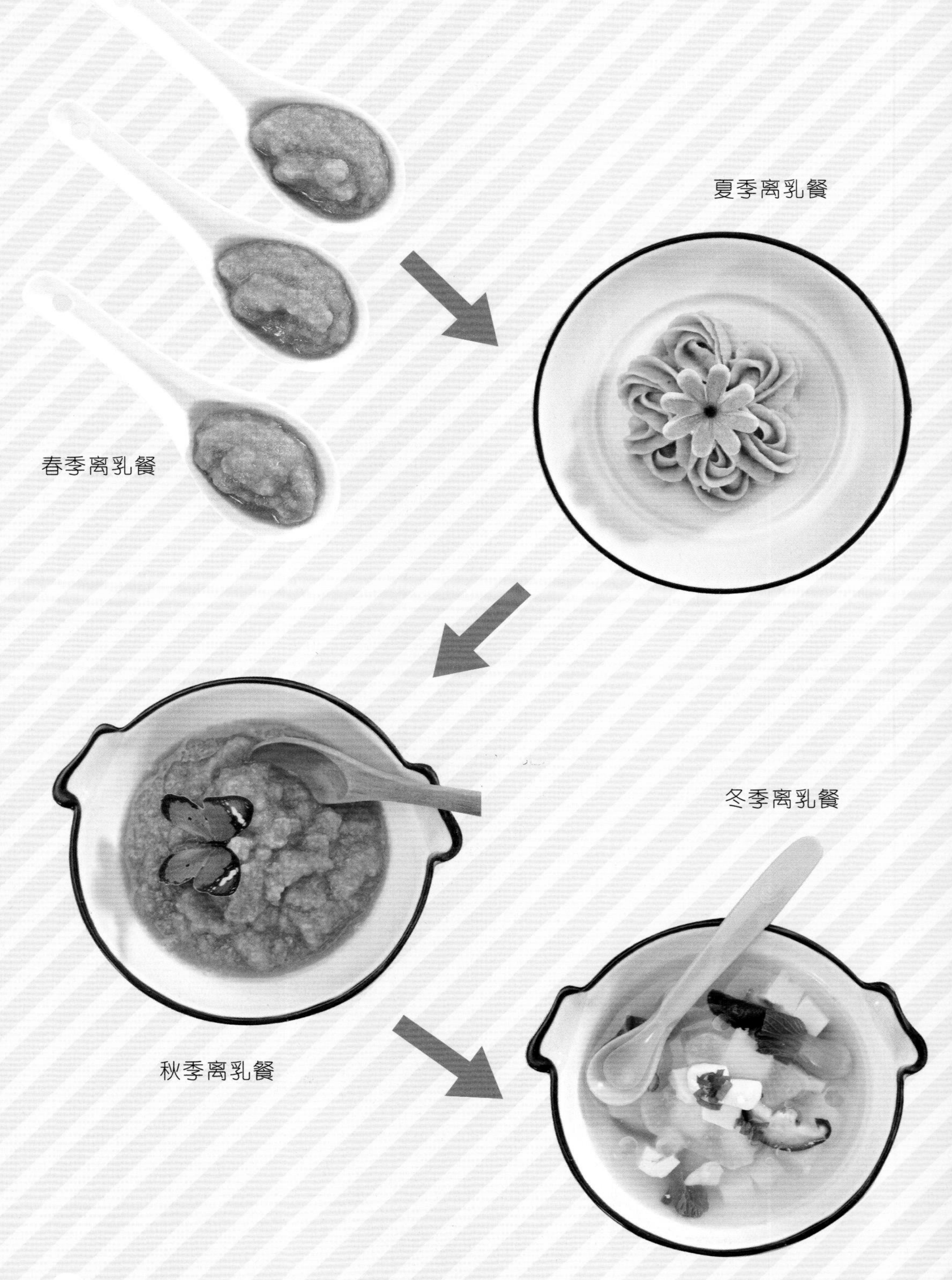
夏季离乳餐
春季离乳餐
冬季离乳餐
秋季离乳餐

第八章

跟着儿科医生学育儿 四季离乳巧应对

《素问·金匮真言论》中说："五脏应四时，各有收受乎？"是说五脏的保养应该应天顺时。对于 0~1 岁半的小宝宝来讲，脏腑本就娇嫩，饮食更应该根据季节的特点，遵循中医"天人合一"的自然规律。四季有常，饮食有道，根据时令安排哺乳妈妈的饮食和宝宝的离乳餐，四季断奶巧应对。

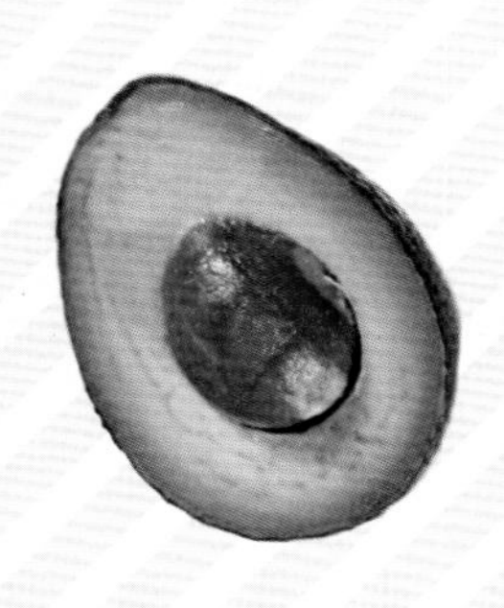

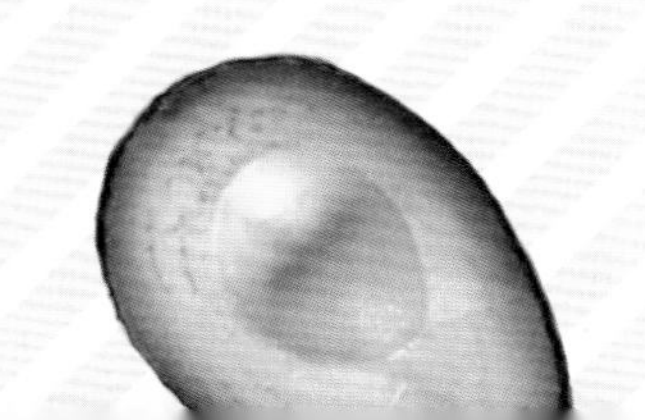

春回大地，万物复苏，春季是四季中小宝宝生长发育速度最快的季节，也是细菌、病毒等微生物肆虐，妈妈和宝宝容易过敏或生病的季节。那么在饮食上，宝宝和妈妈有哪些注意事项呢？

春季时宝宝饮食的宜与忌

- **宜营养全面，让宝宝茁壮成长**

春季需要给宝宝实施全面的营养计划，宜多摄入蛋白质、碳水化合物及脂肪等，给宝宝的生长发育提供重要保障。

- **宜少酸多甘，护肝养脾胃**

中医认为，春季饮食宜少酸多甘。春季与五脏中的肝脏相对应，而酸入肝，过食酸味食物影响肝气的生发，导致肝失疏泻；宜多吃大米、小米、胡萝卜、山药、大白菜、西红柿、菜花、油菜等甘味食物，以补益脾胃之气。

- **忌多吃海鲜**

鱼、虾等海鲜富含蛋白质，是妈妈们最爱的离乳餐食材之一，但建议春季少吃。因为春季是过敏性疾病的高发季，海鲜很容易诱发过敏，宝宝过量食用海鲜，可能引起过敏性鼻炎、哮喘、皮疹等。而且春季也是细菌活跃的季节，海鲜中存在的一些细菌不易被高温消灭，宝宝吃了容易引起细菌感染。

春季时妈妈饮食的宜与忌

- **宜营养全面，保证乳汁质量**

哺乳期的妈妈在春季饮食上要选材广泛，以保证乳汁的营养均衡全面，尤其是蛋类、鱼类、豆类、鸡肉、各种绿色蔬菜和橙色水果等，以及奶类、虾皮、芹菜、油菜、豆腐等高钙食物，要尽量做到全面选择，交替食用。

- **宜多吃抗过敏、利于机体排毒的食物**

对于哺乳期妈妈来讲，既要保证充足的营养以提供高质量的乳汁，又容易因为缺乏运动而导致体内毒素、脂肪堆积，怎么办？当然是要多吃蜂蜜、海带、黑木耳、燕麦等有利于排毒的食物。此外，哺乳期妈妈要摄取足够的维生素和无机盐，以预防过敏。

宝宝这样吃，长得壮不生病

鸡　蛋	小宝宝最好的营养来源之一，可以促进小宝宝的生长发育。
奶制品或豆制品	春季宝宝生长发育加速，需钙量增加，奶制品和豆制品都是钙质的良好来源。
白　菜	富含矿物质和维生素，可增强机体免疫力。富含B族维生素、钾、硒等多种抗过敏物质，可有效预防小宝宝过敏。
胡萝卜	富含胡萝卜素、B族维生素、糖类等，营养丰富，可以缓解小儿营养不良、肠胃不适、夜盲症、便秘等多种病症。

妈妈这样吃，补充营养又排毒

黑木耳	不仅营养丰富，还富含特殊的植物胶原蛋白和纤维素，前者可以将体内各种垃圾吸附，排出体外；后者能促进肠胃蠕动，加速排毒过程，排毒功能异常强大。
海　带	海带富含钙和铁，能预防新生儿佝偻病、补血，还可以提高机体免疫力。海带富含甘露醇和大量的膳食纤维，前者可以利尿消肿，防治产后水肿，后者可以促进排便，从而促进排毒。
柠　檬	富含维生素C。晨起一杯柠檬水，除了可以排出体内有毒物质外，亦有天然的美白肌肤功效，有助于消除脸部雀斑。

胡萝卜香蕉奶昔

适合春季

准备离乳餐材料

1. 胡萝卜 1 段
2. 苹果 1 个
3. 香蕉半根
4. 配方奶粉适量

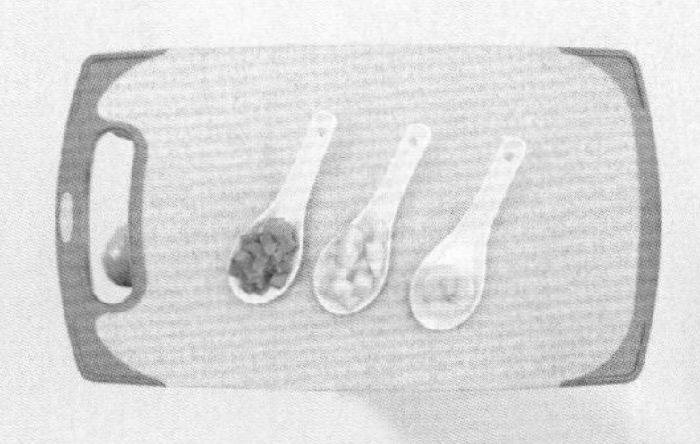

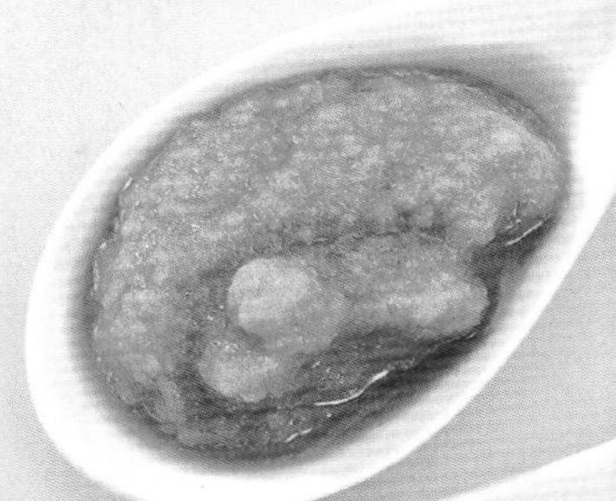

爱心离乳餐巧制作

1. 胡萝卜洗净，切块；香蕉剥皮，切成小段。二者一起放入搅拌机中打成泥。
2. 苹果洗净，去皮、核，切块，放入搅拌机中打成泥。
3. 将配方奶粉用温开水冲调好，然后倒入胡萝卜香蕉泥和苹果泥即成。

莲子百合羹

适合春季

准备离乳餐材料

1. 莲子 15 克
2. 干百合 15 克
3. 鸡蛋 1 个
4. 婴儿葡萄糖适量

爱心离乳餐巧制作

1. 莲子洗净，去心；干百合用温水浸泡 1 ～ 2 小时。
2. 将莲子和百合同放在砂锅内，加适量清水，大火烧开后改为小火，煮至莲子软烂。
3. 加入鸡蛋液、婴儿葡萄糖，再煮 1 ～ 2 分钟即可。

巧厨有妙招

用干百合煮粥前要用清水浸泡 1~2 小时，如果不泡直接煮，煮熟后边缘会发苦。

早餐：蜂蜜柠檬水

柠檬富含维生素C，不仅具有排毒、瘦身功效，还可以使肌肤美白、润滑。所以，柠檬水是我强力推荐给产后妈妈的第一份瘦身餐。蜂蜜柠檬水做法在本书第 36 页已经讲过，这里再介绍一种自制的蜂蜜柠檬水，想排毒瘦身的妈妈一定要学会哟！

准备一个干净的可密封的玻璃瓶子或罐子，沸水消毒后控干水，然后按 1 勺蜂蜜、1 片柠檬（柠檬要洗净控干水再切片）的顺序往里塞，直至塞满整个瓶子，加盖密封，放在冰箱里冷藏 1 周左右即成。喝时取 1 ～ 2 片柠檬，舀 1 勺蜂蜜，温水冲开即可。

午餐：鲫鱼汤 + 蔬菜沙拉

鲫鱼是高蛋白、低脂肪的食物，因为有催乳功效，故是哺乳期妈妈常饮用的下奶汤。这款下奶汤可以坚持喝，因为不仅可以催乳，还有补虚健体、利水消肿的功效，非常适合产后水肿型肥胖的妈妈饮用。新鲜鲫鱼去除内脏、鳞片，洗净，放入锅中，加入清水、姜丝、盐和料酒，煮 15 ～ 20 分钟即成。蔬菜沙拉可根据自己喜好选择新鲜时令蔬菜制作。

晚餐：红豆杂粮粥

红豆具有补血、利水消肿功效，很适合产妇食用。做法是先将红豆和燕麦粒洗净，提前浸泡一夜，然后将小米、紫米和泡好的燕麦、红豆（连同浸泡用的水）一起放入电压力锅，再加入食材干重 8 倍量的水，用杂粮粥程序煮熟即可。

早餐：
蜂蜜柠檬水
午餐：
鲫鱼汤 + 蔬菜沙拉
晚餐：
红豆杂粮粥

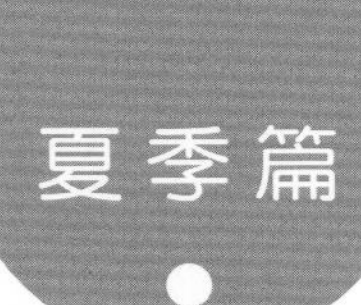

夏季篇

夏季在五行中属火，对应于心脏，故宝宝夏季的饮食要清心火。但清心火并非让宝宝一味贪凉，因为春夏要养阳，夏季的饮食原则仍是“温”。

夏季时宝宝饮食的宜与忌

● 宜多吃清心火的食材

夏季暑热湿重，当季的很多蔬菜水果本身就有清热利湿的功效，诸如黄瓜、西瓜、西红柿、苦瓜等。如果宝宝心火比较严重，出现面赤口渴、口舌生疮等，可以用金银花或栀子泡水给宝宝喝。

● 宜多吃蔬果杂粮，补充维生素

炎热的夏季，人体会因出汗多而流失较多的维生素C和维生素B_1、维生素B_2等水溶性维生素，缺乏这些维生素会使人身体倦怠、抵抗力下降。补充维生素C的好办法当然是多吃蔬菜和水果，而维生素B_1的良好来源是豆子和粗粮，牛奶和绿叶菜则富含维生素B_2。

● 忌过食冷饮、冷食

夏季虽然炎热，但小宝宝忌多食冷饮、冷食。生冷食物吃得过多，一方面会冲淡胃液，影响宝宝对食物中营养成分的吸收；另一方面还会刺激宝宝尚未发育健全的肠道黏膜、血管等，引起腹泻、腹痛、咽痛及咳嗽等症状，甚至诱发扁桃体炎。

夏季时妈妈饮食的宜与忌

● 宜及时补充水分

为了乳汁的分泌，哺乳期妈妈本身就应该比常人多喝一些汤汤水水。正在哺乳期的妈妈在夏季一定要多喝温的白开水和清淡的汤水，也可以多吃新鲜蔬果。

● 宜多吃清补消暑的食物

夏季阳气盛于外，饮食宜清补，当以清暑热、增食欲为主。具有消暑作用的清补食物有鱼肉、蛋类、牛奶、绿豆、西瓜、苦瓜、冬瓜等。

● 忌过食生冷食物

哺乳期妈妈饮食不宜过凉，夏季偶尔吃一些冷饮是可以的，但如果大量食用，会导致肠胃血管骤然收缩，引发肠胃功能紊乱，进而通过乳汁传递影响到小宝宝的肠胃功能。此外，夏季是肠道传染病和细菌性食物中毒多发的季节，故饮食卫生十分重要，如果吃蔬菜或水果沙拉，一定要对食材和工具进行彻底清洗消毒；不吃腐烂变质的食物，剩菜剩饭要充分加热后再吃，更不能喝生水。

宝宝这样吃，不中暑爱吃饭

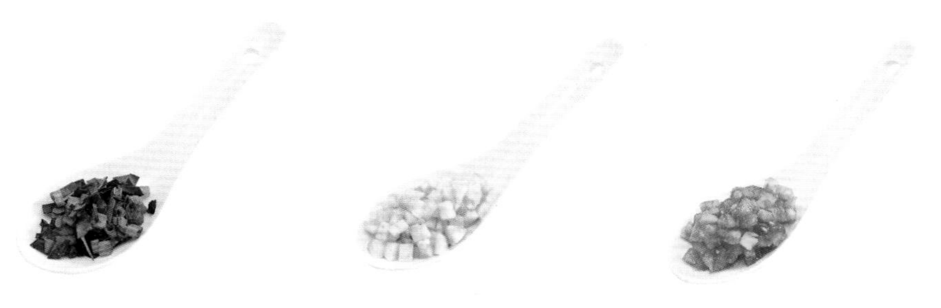

菠　菜	富含胡萝卜素、维生素C和铁、钙、钾，还有大量的水溶性膳食纤维。菠菜没有怪味，宝宝通常都很喜欢吃。
香　蕉	营养高、热量低，含有被称为“智慧之盐”的磷，又含有丰富的蛋白质、钾、维生素，味道香甜，宝宝大多爱吃。
西红柿	酸酸甜甜很开胃，适合小宝宝夏季食用，而且可以让宝宝的皮肤变得更好。

妈妈这样吃，不苦夏身材棒

冬　瓜	冬瓜热量低，可消暑利水，并可抑制糖类物质转化为脂肪，从而防止体内脂肪堆积，是哺乳期妈妈很好的减肥食物。
红　豆	红豆具有利小便、消胀、补血的功能，还含有较多的膳食纤维，能润肠通便，很适合想要补血养血、减肥、消除水肿的人食用。

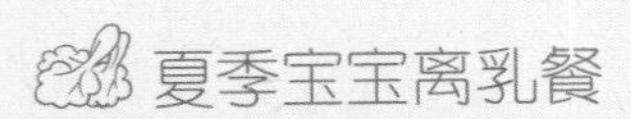

香蕉沙拉

适合夏季

● 准备离乳餐材料

1. 熟透的香蕉 1/3 根
2. 酸奶 1 小勺

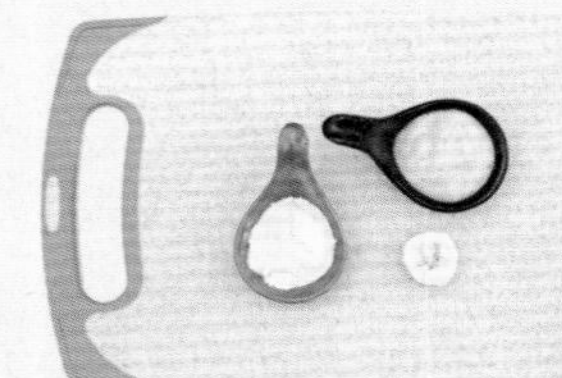

营养加分

香蕉有润肠通便的作用；酸奶中含有益生菌，有利于宝宝的肠胃健康。不过给宝宝吃的香蕉一定要选择熟透的，而且要控制量，以免宝宝出现滑肠现象。因加了酸奶，故建议给 10 月龄以上的宝宝食用。

● 爱心离乳餐巧制作

1. 香蕉去皮，用汤匙背碾成泥。
2. 调入酸奶拌匀，装入裱花袋中，在盘中挤出漂亮的图案。

三文鱼番茄疙瘩汤

适合夏季

• 准备离乳餐材料

1. 三文鱼 10 克
2. 番茄 1 个
3. 鸡蛋 1 个
4. 面粉适量
5. 植物油适量
6. 盐少许
7. 香油少许

• 爱心离乳餐巧制作

1. 三文鱼洗净，切小粒；番茄去皮，切碎；鸡蛋磕入小碗中，打散。
2. 锅内放入植物油烧热，下入番茄炒熟，加水煮开。
3. 面粉放在大碗中，边加水边用筷子快速搅拌，拌成小絮状面疙瘩。
4. 将面絮放入番茄汤中煮熟，加入三文鱼继续煮3～5分钟，淋入鸡蛋液，加盐、香油，搅匀出锅。

巧厨有妙招

给小宝宝吃的面疙瘩一定要小而软，所以水一定要慢慢地、一点点地加。如果担心掌握不好，可以打“湿疙瘩”，即多放些水搅成软面团，将面团放入开水锅中，顺着一个方向不停搅拌，就会甩出细小的疙瘩片，煮熟后吃到嘴里软软的。

早餐：香橙黄瓜汁

橙子酸酸甜甜，是很多女性的最爱，而且具有较好的抗氧化作用，定期服用橙汁有预防衰老的功效。橙子和具有排毒瘦身功效的夏季时令蔬菜——黄瓜一起榨汁，对于产后想瘦身与美容的妈妈来说再合适不过了！

做法：橙子去皮只留果肉；黄瓜洗净，切成小丁。将橙子肉和黄瓜丁一起放入果汁机中榨成汁即可。

午餐：米饭＋奶油双色花

双色花指的是西蓝花和菜花。脾对应长夏，主升清，因此夏季是一个非常适合补脾胃的季节。这个时候天气最湿热，应季蔬菜多具下火作用，比如菜花、西蓝花等。

做法：西蓝花、菜花各等份，胡萝卜丁适量，小麦面粉、鲜牛奶、盐、胡椒粉各少许。西蓝花、菜花分别洗净，掰成小朵，放入开水中汆 2 ～ 3 分钟，捞出沥干；炒锅中放入适量植物油烧热，放入西蓝花、菜花炒熟，摆在盘子里；锅内留少许底油，加入面粉，用小火炒到微黄，慢慢加入鲜牛奶，拌匀，加入盐、胡椒粉、胡萝卜丁拌匀，淋在菜花上就可以了。

晚餐：蔬菜沙拉＋坚果＋全脂牛奶

夏季是时令蔬菜最多的季节，蔬菜沙拉自然是最健康、最经济的瘦身餐喽！把黄瓜、番茄、生菜等时令蔬菜洗净切好，用沙拉酱拌匀即成，可以充分满足人体对维生素的需求。加坚果是为了增加饱腹感。夜间是产奶的高峰期，所以晚餐或晚餐后 1 小时，喝 200 毫升奶还是有必要的。

早餐：
香橙黄瓜汁
午餐：
米饭 + 奶油双色花
晚餐：
蔬菜沙拉 + 坚果 + 全脂牛奶

秋季篇

秋天到了，宝宝很容易出现嘴唇起干皮、烂嘴角、咽喉疼痛、流鼻血、干咳不停、便秘等。这可不是上火或感冒，而是秋燥。肺气通于秋，故宝宝秋季的饮食，要围绕润肺、防秋燥来进行。

秋季时宝宝饮食的宜与忌

● 宜多吃果实

秋收季节，宝宝自然应该多吃果实，而且果实一类的食物大多与肺有关。秋季养肺，宜多吃可润肺去燥的梨、莲子、苹果等。

● 宜少辛增酸

秋季养生要少辛增酸，因为酸味食物可以生津止渴，健脾利胃，增强食欲，帮助宝宝缓解秋燥带来的咽喉肿痛、干咳、便秘等症状。山楂、柚子、石榴、葡萄、猕猴桃等酸味水果都有生津润燥的功效。

● 忌过食粗纤维食物

宝宝在秋季应忌过多食用韭菜、芹菜、荠菜、杏等，以防过度刺激肠胃，引发秋季腹泻。

秋季时妈妈饮食的宜与忌

● 宜多吃一些酸味的食品

宝妈在秋季也应多吃一些酸味的食品，如山楂、橘子等。因为肺主辛味，肝主酸味，应防肺气太过，损伤了肝脏功能。

● 忌过食凉性食物

秋季天气逐渐转凉，西瓜、甜瓜、苦瓜、黄瓜等凉性食物要尽量少食。因为夏季刚过，人的脾胃受炎热天气影响，功能尚未完全恢复，瓜类多属凉性食物，“秋瓜坏肚”说的就是这个道理。

●忌食辛辣燥热之品

秋季要少吃大鱼大肉等容易引起上火的食物，同时也要少吃辣椒、胡椒、大葱、韭菜、羊肉、肉桂等辛辣燥热之品，防止燥热上火。

宝宝这样吃，润肺不咳嗽

库尔勒香梨	皮薄肉软味清甜，特别适合打成果泥或者切成条给宝宝吃。
雪梨	皮薄肉厚汁多口感好，富含不溶性膳食纤维，帮助宝宝轻松排便。
红枣	红枣有生津液、补气血、健脾胃的作用，属于滋阴润燥、益肺补气的清补食物，适宜秋季进补。
百合	秋天气候干燥，宝宝很容易发生干咳，用百合熬粥或煮汤食，有润燥止咳、补肺清肺的功效，尤其适合肺气虚弱见干咳、咳嗽有痰，或患慢性支气管炎的宝宝。

妈妈这样吃，润肺皮肤好

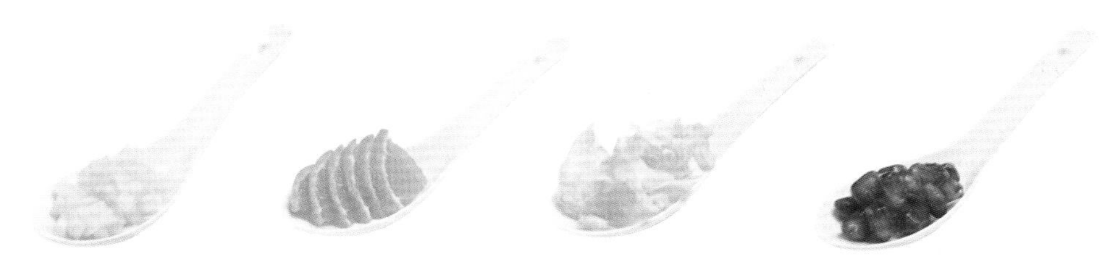

雪梨	皮厚但汁多味甜果肉脆嫩，想减肥的话吃一个梨就不用吃晚饭了。
橘子	产妇产后子宫内膜有较大的创面，出血较多，橘子富含维生素 C，可以增强血管壁的弹性和韧性，防止出血；橘子中钙质也较多，哺乳期妈妈适当吃些橘子，可以通过乳汁把钙质提供给宝宝，从而促进宝宝牙齿、骨骼的生长，防止其发生佝偻病。
银耳	银耳性平味甘，有滋阴润肺、养胃生津的功效，不但非常适合哺乳期妈妈和病后体虚者，对女性还具有很好的嫩肤美容功效。
石榴	秋季是石榴大量上市的季节，吃石榴或喝石榴汁，可以由内而外地滋阴润燥，还可以补充大量的维生素和抗氧化物质，让哺乳期妈妈保持皮肤的细腻，保持口气持久清新。

清蒸鲈鱼

适合秋季

准备离乳餐材料

① 鲈鱼 1 条
② 葱花适量
③ 姜末适量
④ 儿童酱油少许

巧厨有妙招

宝宝吃的鱼最好是清蒸，可以最大限度地保留营养素。

爱心离乳餐巧制作

① 鲈鱼去鳞、鳃、内脏，洗净后在鱼身两面划上花刀，放入蒸盘中。
② 在鱼身上撒上葱花、姜末，腌 5 分钟。
③ 蒸锅内加水烧开，将鲈鱼盘上锅蒸 8 分钟左右后取出，淋儿童酱油即可。

红枣雪梨米糊

适合秋季

● 准备离乳餐材料

1. 红枣 3 ～ 5 颗
2. 雪梨半个
3. 米粉适量

● 爱心离乳餐巧制作

1. 红枣洗净，放入开水锅中煮至熟软，去皮、核。
2. 雪梨去皮、核，切成小块。
3. 将红枣和梨块一同放入料理机中打成泥。
4. 锅内重新烧开水，倒入红枣雪梨泥搅拌均匀。
5. 关火，待稍凉后倒入适量米粉，搅拌均匀即可。

巧厨有妙招

有些妈妈执着地认为果皮中营养丰富，打果泥时不愿意削皮。但这样做出的果泥口感不好，尤其对于小月龄的宝宝，更加不适合。

早餐：柠檬水

柠檬的功效我在本书中介绍过多次了，对于这种可美白润肺、排毒生津的水果，不仅哺乳期妈妈应该常喝，哺乳结束也应该坚持下去。另外，柠檬是酸味水果的代表，秋季养生应少辛增酸，怎么少得了柠檬呢？可以用鲜柠檬切片泡水喝，也可以用干柠檬片泡水喝，功效相差无几。如果觉得太酸，可以加适量冰糖或蜂蜜。

午餐：鸡肉沙拉

鸡胸肉是瘦身人士特别熟悉的肉食，用它做减肥沙拉自然是非常合适的。当然，如果你吃厌了鸡胸肉，用去皮的鸡腿肉也可以。

做法：煮熟、烧熟或烤熟的鸡胸肉（或去皮鸡腿肉）适量，切成丝；生菜 60 克，洗净，撕成小片；紫甘蓝 60 克，洗净切丝。以上食材共同放入大一点的容器中，撒上少量盐、胡椒粉，加入橄榄油或香油半汤匙，再挤入少量柠檬汁或酸橘汁即成。为了颜色漂亮，还可以撒上葱花或香菜碎点缀。

晚餐：银耳羹

对于女性来讲，身体和皮肤滋润尤为重要，滋阴润肺的银耳可以作为女性一年四季的常用食材，尤其在干燥的秋季更为适宜。银耳可以炒鸡蛋，也可以做羹。哺乳期妈妈建议喝银耳羹，滋润效果更佳，还利于下奶。

做法：银耳 10 克，莲子 6 克，红枣 5 颗，冰糖适量。莲子提前 1 小时泡上；银耳提前 10 分钟泡发，去掉根部泥沙及杂质；红枣洗净去核。汤锅上火，加入适量清水，放入银耳、莲子、红枣，将所有食材煮熟后加入冰糖调味即可。

晚餐：银耳羹

秋收冬藏，冬天是一个收藏、收纳的季节，根据天人相应的理论，人的身体此时也处于藏纳的状态，吃入的营养也最容易吸收、储存。

冬季时宝宝饮食的宜与忌

● 宜多吃高热量食物以抵御寒冷

给宝宝多吃一些鱼、肉、蛋及豆类等富含脂肪、蛋白质的食物，以补充热量、抵御寒冷。

● 宜多喝营养丰富的汤羹

汤羹比较好消化，而且可以驱除寒气。比如南瓜红枣排骨汤，可以补中益气、补益脾胃；瘦肉粥可以滋阴润肺，补充营养；紫菜海带汤有助于提高宝宝免疫力，预防感冒。

● 宜多吃根茎类食物

冬天是藏的季节，藏的是什么？藏的是根，所以吃根茎类食物是最好的，比如白萝卜、胡萝卜、土豆等。

冬季时妈妈饮食的宜与忌

● 宜多补充热源食品

冬季里妈妈的膳食同样需要补充热量，尤其应多补充富含蛋白质的食物，猪瘦肉、牛羊肉、鸡鸭肉、鸡蛋、鱼、牛奶及豆制品等蛋白质含量均较高。

● 宜多吃些富含维生素的食物

寒冷冬季，人体氧化功能加强，最容易出现诸如皮肤干燥、皲裂、口角炎等症状，这些都是维生素代谢出现异常的直接表现，故此时宜补充各种维生素。富含维生素A及维生素A原的食物包括动物肝脏、胡萝卜、南瓜、红薯等；维生素B_2主要存在于动物肝脏、鸡蛋、牛奶、豆类等食物中；维生素C则主要存在于新鲜蔬菜和水果中。

● 忌食味苦性寒的食物

冬季饮食忌苦寒。苦寒、生冷的食物多属阴，冬季吃这类食物易损伤脾胃。而且冬季是敛阴收阳的季节，苦寒、生冷的食物易伤阳气，有损脾胃。大寒之物还容易引起泄泻。

宝宝这样吃，抵抗力强不爱感冒

白萝卜 民间有“冬吃萝卜夏吃姜，不用医生开处方”的说法，是说白萝卜具有很强的行气功效，还可以止咳化痰、润喉清嗓、除燥解毒，非常适合冬季容易腹胀或上火的宝宝食用。

白菜 白菜是冬季产量最高的蔬菜，维生素含量丰富。家长可以将大白菜、圆白菜变换多种做法，让宝宝得到口感、营养的双重满足。

香菇 香菇含有磷、碘等人体必需的矿物质，有助于提高宝宝的抵抗力，增强身体素质。而且香菇属于温补类食物，很适宜秋冬季节食用。

南瓜 南瓜里含有丰富的膳食纤维、胡萝卜素，既可以预防宝宝便秘，还有利于宝宝的视力发育。

妈妈这样吃，补血润肠不长胖

黑豆 黑豆是各种豆类中蛋白质含量最高的，比猪腿肉还多一倍有余。另外，吃黑豆还有降低胆固醇、润肠补血的作用。

土豆 有瘦身计划的妈妈可以用土豆当主食，因为土豆比大米饭、馒头、面包等主食的热量都要低，饱腹感却更强一些，而且营养更丰富。

菠菜 富含膳食纤维，可以调节机体对食物的吸收和排泄，促进排便，利于身体内毒素的排出，还有控制体重的作用。

鱼、虾 富含蛋白质和钙，增加热能的供给，可以提高机体的御寒性和对低温的耐受力。妈妈在吃鱼或虾时，还可以顺便捣少许鱼泥、虾泥喂给宝宝。

燕麦南瓜粥

适合冬季

● 准备离乳餐材料

1. 燕麦 50 克
2. 大米 50 克
3. 南瓜 80 克

● 爱心离乳餐巧制作

1. 燕麦洗净，提前用水浸泡 2 小时；大米淘洗干净；南瓜洗净，去皮、瓤，切丁。
2. 把浸泡过的燕麦放入锅内，加水，大火煮沸后改小火煮 30 分钟。
3. 加入大米和南瓜丁，煮沸后改小火煮 30 ～ 40 分钟即可。

青菜萝卜豆腐汤

适合冬季

● 准备离乳餐材料

1. 青菜 50 克
2. 白萝卜 50 克
3. 豆腐 30 克
4. 鲜香菇 2 朵
5. 香葱 1 根
6. 盐少许

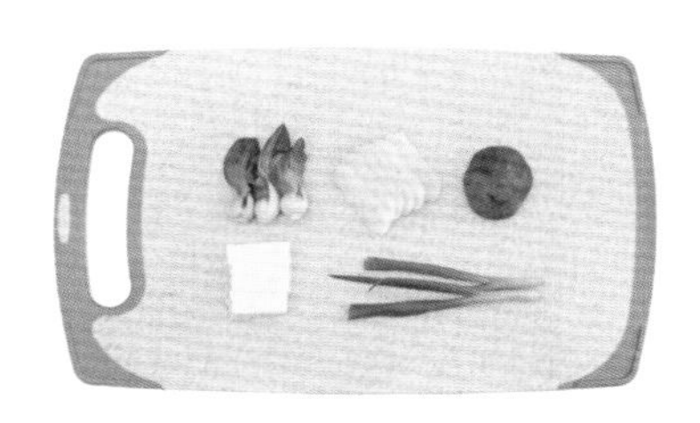

● 爱心离乳餐巧制作

1. 青菜洗净，用清水浸泡至软；香菇洗净，去柄留盖，切成片状。
2. 白萝卜洗净，削去皮，切厚片；嫩豆腐切中等大小的块；香葱洗净，切碎。
3. 热锅放 2 汤匙油，下青菜略翻炒，倒入清水，煮沸后移入砂锅中。
4. 放入白萝卜片和香菇片，用中小火煲 1 小时，再放入豆腐，煮 15 分钟，下盐调味，撒入香葱碎即可。

早餐：麻仁豆浆

用果汁做早餐虽然既能排毒又补维生素，但太寡淡且不顶饿。那么，今天试试浓白香甜的豆浆吧，加入麻仁籽后有很好的促进胃肠蠕动的作用，能促进垃圾和毒素排出体外。

做法：泡好的黄豆 3/4 量杯，麻仁籽 + 芝麻 1/4 量杯，洗净后放入豆浆机打成豆浆即可。注意这是两份的量，早餐只喝一份即可，剩余一份是宝宝爸爸的。如果宝宝月龄在百天内，为了产奶，妈妈在上午十点还可以再喝一份。

午餐：米饭 + 鲜蘑芦笋尖 + 鲜奶四蔬

冬季是进补的好时节，减肥期的妈妈在中午也可以放开胃口吃一顿了。

鲜蘑芦笋尖：1. 芦笋尖 150 克，洗净去老叶，放入开水锅中汆熟，捞出过凉；鲜蘑 200 克，洗净撕成小块。2. 油锅烧热，放入鲜蘑、芦笋尖煸炒 1 分钟，然后加入适量盐、蚝油、鸡精调味，最后用水淀粉勾芡即成。

鲜奶四蔬：1. 西蓝花、生菜、大白菜（只取嫩叶不要菜帮）、甜椒各等份，分别洗净，切成小块或小片，下开水锅汆熟，捞出过凉。2. 另取净锅，倒入少量水煮开，加入面粉小火搅匀，再加入白糖、鲜奶、椰汁和少许盐，煮沸即离火，淋在鲜蔬上即可。

晚餐：小米粥 / 大米粥

晚餐不吃或少吃是瘦身计划至关重要的一步，但建议有哺乳任务的妈妈还是喝点汤粥为好。晚餐喝粥是大多数家庭的习惯，南方人喝大米粥，北方人喝小米粥，都是可以的。如果太饿，也可以吃几口素菜，但切记不可吃馒头、米饭等主食哟！

早餐：麻仁豆浆

午餐：
米饭 + 鲜蘑芦笋尖 + 鲜奶四蔬

晚餐：小米粥 / 大米粥